Die ungewöhnlichsten Flugzeuge der Welt

HB-2036

Michael Taylor

Die ungewöhnlichsten Flugzeuge der Welt

KARL MÜLLER VERLAG

ISBN 3-86070-705-1

1 2 3 4 5 6 7 8 9 00 1 2

Printed in EEC

Titel der Originalausgabe: The World's Strangest Aircrafts
Übersetzung aus dem Englischen: Jürgen Brust M. A.
Lektorat: Redaktionsbüro Krumbach
Umschlaggestaltung: Andreas Dorn

Alle Fotografien stammen vom Autor.

MICHAEL TAYLOR ist ein international bekannter Luftfahrtautor. Seine Bücher finden weltweit Verbreitung und wurden in mehrere Sprachen übersetzt. Er entschied sich bereits im Alter von 18 Jahren für seinen Beruf und veröffentlichte im folgenden Jahr als Mitverfasser sein erstes Buch. Inzwischen hat er über 50 Bücher geschrieben, von denen viele neu aufgelegt wurden. Sein Spektrum reicht von Kinderbüchern über die Luftfahrt bis zur fünfbändigen *Jane's Encyclopedia of Aviation.*

INHALT

Einleitung

Dieses Buch ist den „etwas anderen" Flugmaschinen gewidmet, die es in der Geschichte der Luftfahrt immer wieder gegeben hat und die sich von den konventionelleren Mustern in Zweck oder Aussehen unterscheiden. Natürlich lässt sich darüber streiten, was nun außergewöhnlich ist. Dass aus Platzgründen nicht alle interessanten Flugzeuge präsentiert werden können, ist ebenso selbstverständlich.
Viele Meilensteine in der Entwicklung der Luftfahrt wurden von eher unkonventionellen Flugzeugen gesetzt; man kann sogar sagen, dass die Mehrheit der frühen Flugmaschinen in diese Kategorie fällt. Im Nachhinein fällt es uns sicher leichter, die Grenzen zu ziehen. Bei der Suche nach außergewöhnlichen, extravaganten Konstruktionen fängt man am besten bei den Flugzeugen an, die aufgrund ihrer geringen Stückzahl fast schon in Vergessenheit geraten sind. Man muss dabei aber berücksichtigen, dass Flugzeuge, die uns heute eher bizarr erscheinen, für ihre Zeitgenossen durchaus als vernünftig gegolten haben. Konstruktionen wiederum, von denen wir heute wissen, dass sie gute Flugeigenschaften haben und die uns deshalb sinnvoll erscheinen, haben zu ihrer Zeit vielleicht nur Kopfschütteln hervorgerufen. Unsere Vorstellung ist oft am Fortschritt ausgerichtet, vielleicht nicht der verkehrteste Weg.
Es wäre allerdings falsch anzunehmen, dass alle außergewöhnlichen Konstruktionen letztendlich für den Mülleimer der Geschichte bestimmt waren. Insbesondere bei den zu Forschungszwecken gebauten Einzelstücken ist genau das Gegenteil der Fall. Zu den „extravaganten" Flugzeugen, die ihre Aufgabe höchst erfolgreich erfüllt und die Entwicklung der Luftfahrt stark vorangetrieben haben, zählt zum Beispiel die Bell X-1, das erste Flugzeug, das die Schallmauer durchbrochen hat. Dieses kleine raketengetriebene Flugzeug wurde von einem Bomber gestartet und ist natürlich nie in Serie produziert worden. Trotzdem war es so erfolgreich, dass es sich seinen Platz in der Geschichte für immer gesichert hat. Doch sind einige außergewöhnliche Muster durchaus in die Produktion gegangen, so zum Beispiel der pyramidenförmige „Tarnkappenjäger" Lockheed Martin F-117 und der „Tarnkappenbomber" Northrop Grumman B-2, die beide bei der US Air Force Dienst tun.
In diesem Buch wird versucht, die Flugzeuge im Kontext ihrer Zeit zu betrachten. Nur so kann man zwischen dem zeitgenössischen Standard und den außergewöhnlichen Konstruktionen vergleichen. Dies gilt besonders für die Frühgeschichte der Luftfahrt, als der Standard erst noch gefunden werden musste.

Die Minerva, *ein phantasievoller Stich eines Forschungsballons, angefertigt im englischen Ordnance Survey Office (Amt für Landesaufnahme) im Jahr 1864. Erdacht wurde der Ballon von Professor Robertson als fliegende Garnison mit abnehmbarem Kleinballon, lenkbarem Fallschirm, Kanonen und vielen weiteren Details.*

SCIENTIARUM
FAVORE

Kapitel 1
Experimente und Abenteuer in der Atmosphäre

„Es gibt Zeiten in der Geschichte jeder größeren Unternehmung und im Verlauf jedes Vorhabens, zu dem die gesammelten Erfahrungen mehrerer Generationen beigetragen haben... in denen es wünschenswert erscheint, eine Pause einzulegen und Bilanz zu ziehen; den erreichten Fortschritt zu überprüfen und zu sehen, wieviel Arbeit bereits geleistet wurde; nicht so sehr aus Selbstzufriedenheit, sondern vielmehr, um die Wirksamkeit der angewandten Methoden zu überprüfen. Nur so können wir uns fragen, wie wir sie noch verbessern können, ob eine Verbesserung überhaupt möglich ist, um unser Objekt voranzubringen oder seine absolute Perfektion zu garantieren. Nicht nur in wissenschaftlichen, sondern auch in materiellen und gesellschaftlichen Vorhaben sind solche Pausen höchst nützlich. Manchmal werden sie uns durch die äußeren Umstände aufgezwungen, die uns praktisch dazu verdammen, unser Vorhaben zu betrachten und uns über einige Dinge klar zu werden, nicht nur über den Sinn unserer Arbeit, sondern auch darüber, wie wir vorgegangen sind, welche Methoden wir angewandt haben, in welche Richtung wir wollen und wie wahrscheinlich weitere Fortschritte sind."
Sir John Frederick William Herschel (1792-1871)
Herschels Worte stammen aus dem bemerkenswerten *Astra Castra – Experimente und Abenteuer in der Atmosphäre.* Das Buch wurde im Jahr 1865 veröffentlicht, wenige Jahre vor den allerersten Hüpfern motorisierter und bemannter Flugzeuge. Es sollte allerdings noch einige Jahrzehnte dauern, bis die Brüder Wright die Theorie des Fliegens wirklich in die Praxis umsetzten. Herschel hatte zwar zu Lebzeiten den routinemäßigen Einsatz von Freiballonen und die Entwicklung lenkbarer Luftschiffe miterlebt, aber die größten Herausforderungen waren da noch zu bewältigen. Nur ein völliges Umdenken auf dem Gebiet der Flugforschung konnte die Luftfahrt schließlich zu neuen Triumphen vorantreiben. Wie Herschel bereits gesagt hatte, mussten die erreichten Fortschritte nüchtern betrachtet werden, bevor ein neuer und schwierigerer Weg eingeschlagen wurde, der zu neuen Erfolgen führen konnte (und sollte), diesmal mit motorisierten Flugzeugen.
Es lag schon in der Art der ersten Experimente mit Flugmaschinen, die schwerer als die Luft waren und einen Piloten mit Motorkraft bewegen konnten, dass sie uns heute als „merkwürdig" erscheinen. Sie waren nämlich inspiriert von der Beobachtung des Flugs von Vögeln und Fledermäusen. Der Engländer Sir George Cayley hatte in den 1850er Jahren in Scarborough bewiesen, dass Gleiter mit starren Flügeln in der Lage waren, eine Person zu tragen. Der motorisierte Aufstieg in die Luft war jedoch nicht so einfach zu bewältigen und verlangte nach einem komplizierteren Ansatz.
Es entwickelten sich zwei Denkmodelle für den Motorflug. Zum einen versuchte man, mit Hilfe schlagender oder schwingender Flügel die Natur mechanisch nachzuahmen. Diese Flugmaschinen gab es in den verschiedensten Ausführungen und sie werden im allgemeinen als Ornithopter (Schwingenflügler) bezeichnet.
Es gelang zwar, einige maßstäbliche Modelle zum Fliegen zu bringen, für größere bemannte Flugzeuge war das Konzept hingegen untauglich. Zu den bekannteren Experimenten zählen die von E.P. Frost in England um die Jahrhundertwende durchgeführten Versuche. Frost versuchte sich auch mit Dampfmaschinen und baute in seinen Ornithopter von 1903 einen 3 PS starken BAT-Verbrennungsmotor ein, der die Kraft zum Flügelschlagen liefern sollte. Keine seiner Maschinen schaffte es, mit dem Piloten vom Boden abzuheben. Sie waren aber liebevoll aus Rohren, Seide und Tausenden von Federn zusammengesetzt und sind heute noch in Museen zu bewundern.
Interessant ist, dass Frost sich ganz sicher war, durch die Verwendung von Vogelfedern zum Erfolg zu gelangen. Damit folgte er einem Mythos, der sich mindestens bis zum Anfang des 16. Jahrhunderts zurückverfolgen lässt. Damals versuchte nämlich John Damian, Abt von Tungland in Galloway, Schottland, von den Mauern von Stirling Castle nach Frankreich zu fliegen. Natürlich stürzte er ab und hatte Glück, dass er sich nur einen Oberschenkel brach. Er schrieb den Misserfolg aber nicht seinen Berechnungen zu, sondern der Tatsache, dass er auch Federn von gewöhnlichem Geflügel benutzte und nicht ausschließlich Adlerfedern.
Trotzdem war Frost längst nicht der letzte, der Ornithopter baute. Selbst nachdem die Starrflügler sich auf beiden Seiten des Atlantiks durchgesetzt hatten, gab es in vielen Ländern immer noch Konstrukteure, die von dieser Idee nicht lassen wollten. Im Jahr 1910, ein Jahr nachdem Blériot den Ärmelkanal überflogen hatte und die Weltrekordstrecke für Starrflügler schon bei 500 km lag, baute ein Monsieur Passat einen Ornithopter mit vier Flügeln. Das hintere Flügelpaar wurde von einem 4,5 PS starken Motorradmotor angetrieben. Eines der wenigen Zuge-

ständnisse an die „moderne" Wissenschaft lag neben dem Verbrennungsmotor und dem geschweißten Rohrrahmen mit Stoffbespannung darin, dass Passat keine Federn benutzte. Die Ähnlichkeit mit einem Vogel war trotzdem unübersehbar. Bei Versuchen in Wimbledon Common im Jahr 1912 schaffte Passats Ornithopter tatsächlich einige Hüpfer bei Geschwindigkeiten von unter 24 km/h. Der längste „Flug" ging über 122 m, bevor die Maschine gegen einen Baum stieß. Passat ließ sich nicht entmutigen und baute in den folgenden Jahren und unter dem immer stärkeren Gelächter des Publikums verbesserte Versionen. Wie andere Erfinder vertraute er blind der Annahme, dass „die Vögel recht haben".

Das zweite Denkmodell ging von starren Flügeln aus, wobei der Motor einen oder mehrere Propeller antrieb, um aerodynamischen Schub zu erzeugen. Eines der vielen Probleme, die die Möchtegern-Flieger zu lösen hatten, war das Fehlen eines geeigneten Motors. Er musste leicht sein und doch stark genug, um ein Flugzeug in Lebensgröße zu bewegen. Im 19. Jahrhundert gab es zwar schon große und auch kleine Dampfmaschinen, aber ihr Leistungsgewicht war bei weitem nicht ausreichend. Eine Möglichkeit lag nun darin, wie von Sir Hiram Maxim (dem Erfinder des Maxim-MGs) ver-

E. P. Frost mit einem seiner Ornithopter kurz nach der Jahrhundertwende.
Sammlung Philip Jarrett

sucht, eine sehr starke Dampfmaschine in ein riesiges Flugwerk mit gigantischen Flügeln einzubauen. Das achteckige Mittelteil des Rumpfes kam zusammen mit den seitlichen Tragflächen und anderen Teilen auf eine Gesamtfläche von 371,6 m². Der Antrieb erfolgte über zwei 180-PS-Verbundmaschinen, die über einen riesigen Schiffskessel mit Dampf versorgt wurden. Er verfügte über einen Gasbrenner mit 7560 Düsen und trieb zwei Propeller mit einem Durchmesser von 5,44 m an. Im Jahr 1894, nach dreijähriger Bauzeit, war die Maschine von Maxim bereit für die erste Erprobung. Weil er befürchtete, dass sie unkontrolliert abheben könnte, unternahm er die ersten Versuche in Baldwyn's Park in Kent, England, und montierte schwere Räder, damit die Maschine nicht aufsteigen konnte. In einem zweiten Schritt wagte er sich dann an einen echten Flugversuch. Er baute ein spezielles „Gleis" als Beschleunigungsstrecke. Zwei hoch-

gelegte Führungsschienen aus Georgia-Kiefer begrenzten die Flughöhe auf 60 cm. Am 31. Juli 1894 war die Maschine nach einem Anlauf von 183 m fast 64 km/h schnell und entwickelte so viel Auftrieb, dass sie eine Führungsschiene zerbrach. Maxim nahm das Gas weg und die Maschine fiel neben die Gleise, wobei sie einige Schäden erlitt. Damit waren die Versuche zu Ende. Insgesamt hatte die Maschine vom Start bis zum Absturz etwa 305 m zurückgelegt.

Obwohl er viele tausend Pfund investiert hatte, setzte Maxim seine Experimente mit Flugzeugen bis zum Jahr 1910 aus. Dann baute er einen konventionelleren dreisitzigen Doppeldecker, der allerdings über die Erprobungsphase nicht hinauskam. So hat dieser großartige Erfinder zum Fortschritt der Luftfahrt nicht allzuviel beigetragen. Er war jedoch einer der wenigen Auserwählten, der ein Flugzeug mit Dampfmaschine geflogen hat.

Das erste bemannte Flugzeug, das von einer ebenen Fläche tatsächlich abhob, war die *Éole* des Franzosen Clément Ader.

Am 9. Oktober 1890 machte sie ihren ersten Hüpfer am Schloss von Madame Pereire in Armainvilliers. Das Flugzeug war eine bunte Mischung aus alten und modernen Ideen. Es hatte fledermausartige Flügel aus hohlen Rippen und Seide, die sich allerdings nicht bewegten.

LINKS: Maxims Doppeldecker im Baldwyn's Park.
Sammlung Philip Jarrett

OBEN: Aders Militärflugzeug Avion III im Musée de l'Air, Paris.
Austin J. Brown

Den Antrieb des primitiven Zugpropellers besorgte eine 20-PS-Dampfmaschine. Der Flug knapp über Bodenhöhe und über eine Strecke von 50 m war zwar nicht Aufsehen erregend und das Flugzeug war auch nicht lenkbar, aber trotzdem machte sich Optimismus breit. Aders weitere Projekte waren leider nicht erfolgreich. Sein für das französische Kriegsministerium gebautes *Avion III,* ein Zweisitzer mit einer Bombenladung von 75 kg, konnte 1897 bei Versuchen in Satorg kaum vom Boden abheben.
Wie andere vor ihm hatte auch Ader zunächst mit Federn experimentiert und 1873 einen großen „Vogel" mit Gänsefedern gebaut, der einen Mann tragen sollte. Ader machte seine Versuche bei starkem Gegenwind und sicherte seinen Apparat mit einer Leine. Aus diesen Versuchen gewann er die Überzeugung, dass die Antwort in starren, gebogenen Schwingen zu finden sei. Seine *Éole* ähnelte allerdings mit ihren federlosen, biegsamen Flügeln eher einer Fledermaus als einem Vogel. Die Krümmung ließ sich variieren, um (zumindest theoretisch) Auftrieb und Steuerung sicherzustellen. Die Flügel konnten auch ganz abgeklappt werden.
Wenn im letzten Jahrzehnt des 19. Jahrhunderts überhaupt ein Erfinder in der Lage war, ein motorgetriebenes Flugzeug zu bauen, dann war es Otto Lilienthal. Zwischen 1891 und 1896 baute und flog er eine Reihe äußerst erfolgreicher Hanggleiter in Ein- und Doppeldeckerausführung. Er machte über 2000 Flüge, einige über Entfernungen von mehr als 250 m, und kam gelegentlich sogar über seine Starthöhe hinaus. Als er am 10. August 1896 nach einem tragischen Unfall verstarb, hatte er bereits mit den Arbeiten an einer motorisierten Version seines Gleiters begonnen. Keiner seiner Gleiter kann als „seltsam" im Sinne dieses Buchs bezeichnet werden, im Gegenteil, handelte es sich doch um die elegantesten und modernsten Entwicklungen ihrer Zeit. Dennoch hatte Lilienthal sich nicht für Propeller entschieden, sondern wollte bei

seinem Motorflieger mit schlagenden Flügeln bleiben, angetrieben durch einen Gasmotor.

Antrieb für den Fortschritt
Keine Erfindung hat die Entwicklung des Flugzeugs zu einer gebrauchsfähigen Maschine so vorangetrieben wie der Verbrennungsmotor. Nikolaus Otto hatte 1877 einen Viertaktgasmotor gebaut. Gottlieb Daimler baute 1884 in Cannstatt einen praxisgerechten Einzylinder, den er im folgenden Jahr in ein Motorrad einbaute. Der Verbrennungsmotor erwies sich auch als ideal für die Luftfahrt. Der erste Einsatz erfolgte bereits 1888, als Dr. Wölfert einen Ballon mit einem 2-PS-Benzinmotor von Daimler ausstattete.
Die kreativsten Luftfahrtingenieure stellten schnell fest, dass der Verbrennungsmotor der Dampfmaschine weit überlegen war, sobald sich

die Leistung steigern ließ. Das erste bemannte Flugzeug mit Ottomotor baute der Österreicher Wilhelm Kress, der im Jahr 1893 (im Alter von 57 Jahren) ein Ingenieurstudium am Polytechnikum in Wien begann. Fünf Jahre später fing er an, ein Flugzeug zu bauen, das auf Wasser oder Schnee starten sollte. Die drei Tandemflügel hatten hölzerne Sparren, der Rest des Flugzeugs bestand allerdings aus Stahlrohren. Die Maschine stand auf zwei Aluminiumschwimmern mit Schneekufen. In diesen fortschrittlichen Apparat wollte Kress einen 200 kg schweren 40-PS-Motor einbauen, aber kein Hersteller war in der Lage, dieses Leistungsgewicht einzuhalten. Bereits 1901 allerdings lieferte Mercedes einen 30-PS-Motor (Typ Daimler), der aber immer noch 380 kg wog. Im Oktober startete das Flugboot mit Übergewicht und reichlich

Replik von Alberto Santos-Dumonts 14-bis, *einem ungewöhnlichen Doppeldecker mit riesigem Bugleitwerk. Im Besitz des Aeroclube de São Paulo.*
Austin J. Brown

instabil auf dem Tullnerbach-Stausee. Mit Kress an Bord hob es langsam ab. Fatalerweise kam ein Wehr immer näher und Kress musste Gas wegnehmen, um dem Hindernis auszuweichen. Nun wurde die Maschine völlig instabil, der Wind kam unter die Flügel und die ganze Fuhre überschlug sich. Kress hielt sich an einem Schwimmer fest und wurde nach 20 Minuten aus dem Stausee gezogen. Das Flugboot wurde 1902 teilweise repariert, aber nicht wieder ganz aufgebaut.

In den folgenden Jahren machten mehrere Piloten ihre „Hüpfer" in Flugzeugen mit Ottomotoren, so zum Beispiel Richard Pearse in Neuseeland und Carl Jatho in Deutschland. In den USA baute Pierpoint Langley das erste Flugzeug mit Ottomotor, das eine längere Strecke bewältigte. Es war allerdings ein unbemanntes Modell im Maßstab 1:4, das als Zwischenschritt zur Vollversion gedacht war. Verbürgt ist, dass diese unter dem Namen *Aerodrome* im Oktober und Dezember 1903 erfolglos von einem Hausboot auf dem Potomac gestartet wurde. Kurz danach, am 17. Dezember 1903, schafften die Brüder Wright den ersten echten Flug mit einem bemannten, lenkbaren Motorflugzeug.

Jahre sorgfältiger Forschung, Tests im Windkanal und Versuche mit Gleitern führten Orville und Wilbur Wright zum Erfolg. Sie waren den Konkurrenten so weit voraus, dass Wilbur am 5. Oktober 1905 mit der *Flyer III* eine Strecke von 39 km innerhalb von 38 Minuten zurücklegte. Elf Tage später entschieden sich die Brüder unbegreiflicherweise dafür, eine Pause einzulegen (fast drei Jahre lang hielten sie sich daran), um ihre Erfindung wirtschaftlich zu nutzen. Erst am 12. November 1906 gelang dem nächsten Piloten ein richtiger Flug: Der Brasilianer Alberto Santos-Dumont schaffte mit seinem *14-bis*, einem unkonventionellen Doppeldecker mit Bugleitwerk, in Bagatelle (Frankreich) gerade einmal 220 m. Diese bescheidene Leistung war dennoch der erste registrierte Motorflug der Welt. Anerkannt wurde er von der im Jahr zuvor gegründeten Fédération Aéronautique Internationale (FAI). Zur Zeit der Flüge der Brüder Wright gab es diese Organisation noch nicht. Nach den Brüdern Wright gab es in den USA erst am 20. Juni 1908 den nächsten erfolgreichen Motorflug. Glenn Curtiss flog die *June Bug* über 386 m. Am 4. Juli legte er 1551 m mit dem Doppeldecker zurück und gewann die Scientific American Trophy für den ersten offiziellen Flug in den USA über mehr als einen Kilometer. Die *June Bug* war eine Schöpfung der von Alexander Graham Bell gegründeten Aerial Experiment Association. Ihre Vorgänger *Red Wing* und *White Wing* hatten im gleichen Jahr bereits kürzere Distanzen zurückgelegt. Die Gesellschaft baute auch andere ungewöhnliche Flugzeuge wie die *Cygnet II*, die von Bell und dem Piloten J. A. D. McCurdy gebaut wurde. Bestehend aus 5500 pyramidenförmigen Zellen, folgte sie dem Vorbild des unmotorisierten Flugdrachens *Cygnet I*, der im Dezember 1907 zwei Flüge im Schlepptau eines Motorboots gemacht hatte. Beim zweiten Versuch erlitt der Drachen einen Totalschaden; Pilot Lt Thomas Selfridge kam aber mit dem Schrecken davon. Die *Cygnet II* wurde am 22. November 1909 über einem zugefrorenen See bei Baddeck Bay, Nova Scotia, erprobt, hob aber nicht ab. Am nächsten Tag schaffte McCurdy mit der *Silver Dart* des gleichen Herstellers den ersten Flug überhaupt in Kanada und den ersten echten Motorflug im Britischen Empire. Er legte dabei mehr als 6,5 km zurück.

Lt Thomas Selfridge hatte inzwischen einen tragischen Unfall erlitten. Am 17. September 1908 kam er während einer Erprobung für die US Army als Passagier eines von Orville Wright geflogenen Doppeldeckers ums Leben.

Der erste bemannte und motorisierte Flug (kein Marschflug: siehe auch McCurdy, oben) in England wird im allgemeinen Horatio Philips zugeschrieben. Seine Maschine ist etwas älter als die *Cygnet II* und mindes-

OBEN: Die Cygnet II *der Aerial Experiment Association in Baddeck Bay, Nova Scotia.*
Über Philip Jarrett/National Museum of Science & Technology

RECHTS: Multiplane *(Mehrdecker) von Philips, 1907.*
Sammlung Philip Jarrett

tens genauso außergewöhnlich. Die *Multiplane* (Mehrdecker) von 1907 hatte vier Reihen Flügel, bestehend aus jeweils 50 einzelnen, übereinander angeordneten schmalen Streifen. Den Antrieb besorgte ein 22-PS-Motor. Im Sommer 1907 schaffte die *Multiplane* bei Streatham im Süden Londons einen kurzen, aber stabilen Flug von 152 m bei einer Geschwindigkeit von 48 km/h. Für Philips war es die Krönung seines Lebenswerks. Seine erste dampfgetriebene *Multiplane* von 1893 war eine kurze Strecke geflogen, allerdings mit einem Gewicht von 33 kg anstelle eines Piloten. Die bemannte *Multiplane* von 1904 hatte eine Reihe mit 20 Flügelstreifen und einen 22-PS-Motor, war aber nicht flugtauglich.

Dann kam der Krieg

Trotz einiger amüsanter Spinnereien lagen bis 1908 die grundlegenden Merkmale für ein gutes Flugzeug fest. Die immer noch vorhandene Vielfalt unterschiedlichster Typen ist darauf zurückzuführen, dass es sich stets um Einzelstücke handelte. Die erste Serienproduktion lief im Jahr 1909 an, als die Brüder Short in Leysdown, England, einen Vertrag mit Wilbur Wright über den Bau von sechs Doppeldeckern abschlossen. Um die Entwicklung voranzubringen, wurden Erfolge mit viel Geld belohnt. In vielen Ländern war der Flugzeugbau schon so vorangeschritten, dass in Reims im August 1909 das erste internationale Luftfahrttreffen stattfinden konnte. Von 38 angetretenen Flugzeugen waren 23 tatsächlich in der Lage zu fliegen. Dadurch wurde das öffentliche Interesse weltweit noch mehr angeheizt. Am 19. Juli 1909 überquerte Louis Blériot bereits den Ärmelkanal und gewann damit die von der Daily Mail ausgelobten 1000 Pfund. Im gleichen Jahr bereits erwarb die US Army eine Wright Model A als erstes Militärflugzeug überhaupt. 30 000 Dollar musste sie dafür bezahlen! Ihren Vorsprung vor den Mitbewerbern hatten die Brüder Wright inzwischen verloren. Ende 1908 hatte Wilbur Wright mit einer zurückgelegten Strecke von 124,7 km noch einen Weltrekord aufgestellt. Die Konkurrenz hatte aber nicht geschlafen und die schöpferische Pause der Brüder genutzt. Im August 1909 schaffte Henry Farman mit seinem Doppeldecker schon 180 km und am 13. Oktober 1913 flog A. Seguin einen verbesserten Farman-Doppeldecker zum endgültigen Weltrekord vor dem Ersten Weltkrieg: Er schaffte sagenhafte 1021 km.

Frankreich war inzwischen führend in der Luftfahrt und so bildeten französische Maschinen beim Ausbruch des Krieges das Rückgrat so mancher Luftwaffe. Trotz der beeindruckenden Leistungen der „konventionellen" Flugzeuge gab es aber immer noch Leute, die ihre eigenen Ideen ausprobieren wollten. Ab und zu waren sie sogar recht erfolgreich.

In Großbritannien hatte Cedric Lee die Rechte am Ringflügel erworben und baute 1911 mit G. Tilghman Richards einen Doppeldecker mit Ringflügeln, der sich allerdings als untauglich erwies und überdies im Winter bei einem Sturm mitsamt seiner Halle zerstört wurde. Darauf folgte ein Gleiter mit halbkreisförmigem oberen Flügel und unterem Ringflügel, der 1912 zu seinem ersten Flug startete.

Tests im Windkanal hatten tatsächlich gezeigt, dass die Konstruktion sinnvoll war und anscheinend den zusätzlichen Vorteil bot, keinen Abreißpunkt zu haben. Bei diesem Punkt wird normalerweise die Luftströmung abrupt abgerissen, was zum Absturz führt. Überdies konnte die Spannweite im Vergleich zu anderen Flugzeugen kurz gehalten werden, ohne dass die Flächen zu klein wurden. Der Strömungsabriss war denn auch eher harmlos.

Auf der Grundlage dieser Ergebnisse wurde ein neuer zweisitziger Eindecker mit einem 6,7-m-Ringflügel gebaut. Angetrieben von einem vorzüglichen 80-PS-Gnome-Motor star-

Mehrdecker von Marquis D'Equevillery
Sammlung Philip Jarrett

Eindecker mit Ringflügeln von Lee und Richards
Sammlung Philip Jarrett

tete das Flugzeug am 23. November 1913 zu seinem Jungfernflug. Es hob schnell ab, erwies sich aber als arg schwanzlastig. Plötzlich riss die Strömung ab und ein schlimmerer Unfall wurde nur durch ein paar Telegrafendrähte verhindert, die den Sturz abfingen. Nach zwei Unfällen repariert und immer wieder verbessert, wurde eine flugtaugliche Maschine daraus, die bis zum Ausbruch des Krieges zahlreiche Flüge vollbrachte. Weitere Modelle wurden im Jahr 1914 begonnen; die Konstruktion konnte sich aber letztendlich nicht durchsetzen.
In England tauchte im Jahr 1911 ein größerer, primitiverer Doppeldecker mit rautenförmigen Flügeln auf. Die *Rhomboidal* von Edwards hatte einen Humber-Motor mit 50 PS, der zwei riesige Propeller antrieb, die sich zwischen den oberen und unteren Tragflächen befanden. Die Flugversuche in Brooklands sollen allerdings gescheitert sein.
Eine der bemerkenswertesten Erscheinungen vor dem Ersten Weltkrieg war der sagenhafte Deperdussin-Eindecker. Dieses Sportflugzeug in Schalenbauweise wurde speziell für den Gordon-Bennett-Cup gebaut, der 1913 in Reims stattfand. Es handelte sich um ein Meisterwerk in Konstruktion und Design, und es ist kaum zu glauben, dass das Flugzeug tatsächlich vor dem Ersten Weltkrieg gebaut wurde.
Am 29. September jenes Jahres schaffte es als erstes Flugzeug überhaupt mehr als 200 km/h. Der Franzose Maurice Prévost brachte es auf 205,85 km/h. Der 160 PS starke Gnome-Motor trieb einen Propeller mit riesiger Haube an und die umgekehrten Trapezflügel wurden gestutzt, um höhere Geschwindigkeiten zu erreichen. Insgesamt brach der Eindecker zwölf Weltrekorde.
Die aerodynamisch überzeugende Konstruktion hatte trotz der Geschwindigkeit, die die der späteren Jäger locker übertraf, keinen großen Einfluss auf den Flugzeugbau. Die meisten Konstrukteure sahen darin lediglich eine auf höchs-

UNTEN: Deperdussin-Eindecker in Schalenbauweise von 1913. Dieses Sportflugzeug war nur deshalb außergewöhnlich, weil es für seine Zeit so modern war.
Austin J. Brown

te Geschwindigkeit getrimmte Maschine ohne jeden praktischen Nutzen. Die im Krieg eingesetzten Deperdussins und die mit ihnen verwandten SPADS waren denn auch eher rückschrittlich, aber vielleicht wesentlich „praktischer".
Auch in Großbritannien gab es vor dem Krieg ein wahres Meisterstück, die Scouting Experimental 4 oder kurz S.E.4 von der Royal Aircraft Factory. Wie die Deperdussin in Schalenbauweise gebaut, mit dem gleichen Gnome-Motor und einer Propellerhaube ausgestattet, handelte es sich allerdings um einen abgestrebten Doppeldecker. Unglaublich zu jener Zeit war die Idee, eine Kabinenhaube aus Zelluloid vorzusehen. Sie wurde aber wieder weggelassen, weil die Piloten sich nicht einsperren lassen wollten. Bei Versuchen im Jahr 1914 erreichte die S.E.4 217 km/h, eine außerordentliche Leistung, die allerdings nie offiziell als Weltrekord anerkannt wurde. Das Triebwerk erwies sich jedoch als unzuverlässig und wurde durch ein Monosoupape Gnome mit 100 PS ersetzt. So ausgerüstet, verlor die Maschine 64 km/h an Geschwindigkeit.
Die S.E.4 ging nie in die Serienproduktion, obwohl sie auch nach der Umrüstung zu den schnellsten Flugzeugen der Welt zählte.

Riskante Kriegsspiele

Im Oktober 1914, kurz nachdem Deutschland und Russland sich den Krieg erklärt hatten, startete ein Prototyp des russischen Heeresoffiziers Alexander Besobrasow zu seinem Jungfernflug. Es handelte sich um eines der seltsamsten Flugzeuge überhaupt. Die schlanken Flügel des

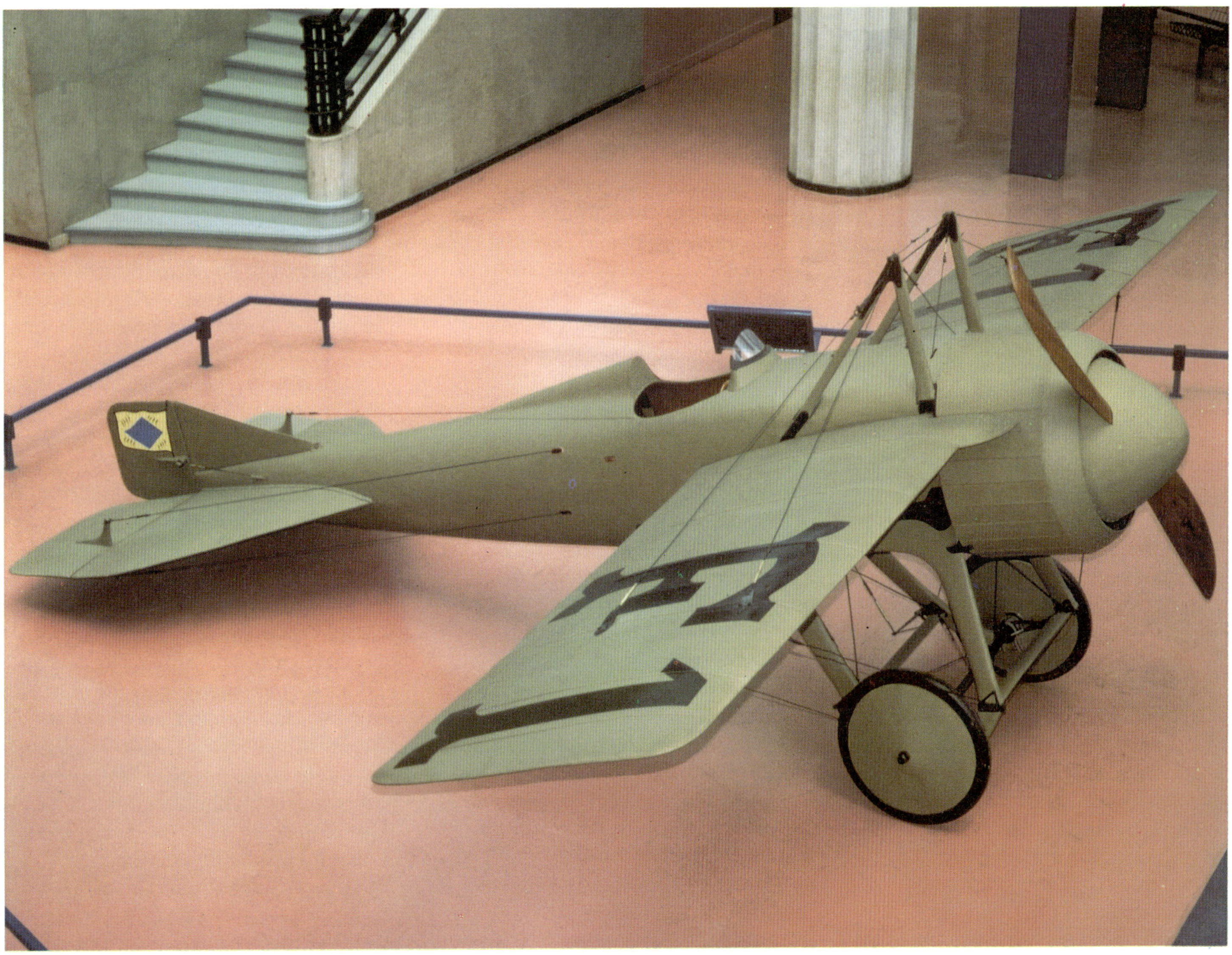

Dreideckers waren in einem derart spitzen Winkel montiert, dass die untersten Tragflächen unterhalb des Hecks lagen, während die oberen weit über den Rumpf hinausragten. Kein Wunder, dass die Streitkräfte kein Interesse an der Konstruktion hatten.
Trotz dieses kühnen Konzepts und vieler anderer Versuche von Konstrukteuren in den Krieg führenden Staaten blieb die große Mehrheit der Flugzeuge im Ersten Weltkrieg eher „konventionell“. Fortschritt und Leistungssteigerungen ergaben sich hauptsächlich aus den immer stärkeren und zuverlässigeren Triebwerken, die wahrscheinlich die wichtigste Entwicklung überhaupt darstellten. Sicherlich wurden in diesem Krieg auch die ersten Versuche gemacht, Flugzeuge zu bewaffnen, und die Bedeutung des synchronisierten Bug-MGs ist ebenfalls nicht zu unterschätzen. Die stärkeren Triebwerke aber brachten mehr Geschwindigkeit, mehr Gipfelhöhe, mehr Zuladung und stabilere Zellen, alles Dinge, die im Krieg wichtig waren und die Entwicklung des Flugzeugs voranbrachten.
Ebenfalls in Russland hatte Igor Sikorski schon im Mai 1913 das erste viermotorige Flugzeug in die Luft gebracht. Aus der *Le Grand* wurden die Doppeldecker vom Typ Ilja Murometz abgeleitet, die ersten viermotorigen Bomber der Welt im aktiven Kampfeinsatz. Leider standen geeignete Triebwerke nicht in ausreichender Zahl zur Verfügung, sodass statt der gefragten Canton-Unées von Salmson oft andere Typen eingebaut wurden. Selbst mit den Canton-Unées war die Leistung aller vier Triebwerke mit 670 PS eher knapp ausgefallen, wenn man bedenkt, dass der Typ B eine Spannweite von 31 m und ein Gesamtgewicht von 4800 kg hatte. Die Höchstgeschwindigkeit lag denn auch bei bescheidenen 96 km/h.
Mit dem Fortschreiten des Krieges wurden in allen Ländern stärkere Motoren entwickelt. Reihenmotoren mit 200 PS und mehr und schwächere, aber hochentwickelte Sternmotoren brachten den Jägern mehr Geschwindigkeit und Gipfelhöhe. So hatte die berühmte Sopwith Camel einen Clerget-Motor mit 130 PS.
Aber erst die Bomber profitierten wirklich von der Motorleistung. Der leichte britische Bomber D.H.4 von 1917 hatte ein 375 PS starkes Rolls-Royce-Triebwerk, das eine Bombenladung von 208 kg zuließ. Die Geschwindigkeit war mit 230 km/h höher als die der meisten Jäger. Das Nachfolgemodell D.H.9A von 1918 ging noch einen Schritt weiter und verfügte über ein 400 PS starkes Liberty-12-Triebwerk. Mit diesem schweren Ungetüm verlor das Flugzeug etwas an Geschwindigkeit, konnte aber weitere 91 kg Bomben mitführen. Für schwere Bombeneinsätze hatte die Royal Air Force ab 1918 die Handley Page O/400 mit einer Spannweite von 30,5 m und zwei 360-PS-Eagle-Triebwerken. Mit einer Bombenladung von 907 kg war sie 156 km/h schnell.
Italien und viele andere Nationen bauten ebenfalls moderne Flugzeuge für die neuen Triebwerke. Besonders die mehrmotorigen Bomber von Caproni haben eine gewisse Berühmtheit erlangt. Aber kein Land arbeitete so hart am perfekten Bomber wie Deutschland.
Der Grund lag wohl darin, dass die starren Luftschiffe bei den Bombeneinsätzen nicht sonderlich erfolgreich waren. Aus den Aufzeichnungen geht hervor, dass das größte im

Krieg eingesetzte Flugzeug die Zeppelin-Staaken R VI war. Bei einer Spannweite von 42,2 m hatte sie aber nur vier 245-PS-Maybach-Triebwerke oder 260 PS starke Mercedes D IVa. So war sie gerade 135 km/h schnell. Die Zuladung entsprach der der Handley Page, dafür war die Reichweite wesentlich geringer. Das Versäumnis, starke und zuverlässige Triebwerke für die allgemeine Nutzung zu entwickeln, sollte sich noch bitter rächen. Selbst die berühmten schweren Bomber Friedrichshafen und Gotha mussten mit zwei Triebwerken vom Typ Mercedes D IVa auskommen.

Zu den riesigen deutschen Bombern, die nie zum Fronteinsatz kamen, zählt die Linke-Hoffmann R I, von der nur zwei Prototypen gebaut wurden. Es handelt sich wohl um eine der merkwürdigsten Konstruktionen aus diesem Krieg. Die ungeschickte Erscheinung war auf Windkanalversuche in Göttingen zurückzuführen, die besondere aerodynamische Vorteile versprachen, wenn der Rumpf die gesamte Fläche zwischen den Flügeln des Doppeldeckers ausfüllte. Diese Annahme wurde nach dem Krieg erneut durchgerechnet und tatsächlich bestätigt. Bei der R I funktionierte das Konzept aber nicht. Die erste zerbrach im Mai 1917 in der Luft; ein zweiter verbesserter Prototyp flog etwas besser, überschlug sich aber bei der Landung und wurde aufgegeben. Eine Schwierigkeit lag darin, dass der Pilot so hoch saß, dass er bei der Landung kaum etwas sehen konnte. Ungewöhnlich war die Anordnung der vier Triebwerke vom Typ Mercedes D IVa. Sie saßen tief im Rumpf und trieben zwei große Propeller an, die zwischen den Flügeln angeordnet waren.

Im Jahr 1919 konnte man Leistung und Bedeutung der Flugzeuge in ihrem ersten Krieg rückblickend beurteilen. Von größtem Wert waren sie in der visuellen und fotografischen Aufklärung, bei der Beobachtung und der Artilleriekriegführung. Die Jäger wurden in erster Linie gebaut, um ideale Bedingungen für den Einsatz der Aufklärer zu schaffen bzw. die feindlichen Aufklärer zu vernichten. So kam es, dass die Jäger jeder Seite sich gegenseitig bekämpften, aber das diente ja auch dem Zweck der Luftherrschaft. Aber nur die Bomber konnten wohl wirklich zeigen, was eine Luftwaffe an sich leisten kann, wenn sie nicht die Einsätze des Heeres unterstützen muss. Diese riesigen Flugzeuge richteten bei den strategischen Bombardierungen verhältnismäßig geringe Schäden an, konnten dafür aber starke Verteidigungskräfte binden. Und, was nicht weniger wichtig ist, viele machten nach dem Krieg eine zweite Karriere als Verkehrsflugzeuge. Die alten Kisten waren unverzichtbar für die noch jungen Luftfahrtgesellschaften.

LINKE SEITE: *Dreidecker-Jäger von Alexander Besobrasow*
Über die russische Stiftung Luftfahrtforschung

OBEN: *Zu den größten deutschen Flugbooten zählt die Zeppelin-Lindau Rs III. Sie machte ihren Jungfernflug im Oktober 1917 und konnte bis zu zehn Stunden in der Luft bleiben. Mit vier 245-PS-Maybach-Motoren in Tandemanordnung hatte sie eine Spannweite von 37 m. Sie wurde 1918 erprobt, aber ob sie zum Einsatz kam, ist nicht sicher.*

Kapitel 2

Frieden, Probleme und Prototypen

Der Erste Weltkrieg hatte die Massenproduktion von Flugzeugen erzwungen. Allein im Jahr 1918 wurden in riesigen Produktionsstraßen und gigantischen Werkshallen Tausende von Flugzeugen und Zehntausende von Triebwerken gebaut. Auf den ersten Blick schienen Schnelligkeit, Größe und Leistungsfähigkeit der neuesten Kampfflugzeuge das Ergebnis des technischen Fortschritts zu sein. In Wahrheit hatte der Zwang, immer neue Maschinen an die Front zu bringen, eher zur Entwicklung besserer, zuverlässigerer Triebwerke geführt. Auf dem Gebiet der Aerodynamik hingegen hatte sich nicht viel getan. Vielleicht würden die Hersteller ja im Frieden mehr Zeit finden, sich diesem Thema zu widmen? Die Realität sah zunächst aber anders aus.

Mit dem Waffenstillstand waren große Mengen brandneuer, aber jetzt nicht mehr benötigter Flugzeuge übriggeblieben (viele noch verpackt und bald schon zu Tiefstpreisen verschleudert). Die restlichen Aufträge wurden natürlich sofort storniert. Die britische Flugzeugindustrie traf es besonders hart. Einige Hersteller schlugen sich zwar mit dem Bau von Booten, Bussen, Motorrädern, Schuppen und anderen Artikeln durch, um die Produktionsausfälle auszugleichen, andere berühmte Namen verschwanden dagegen ganz. Ähnliches galt für die Streitkräfte. Die Royal Air Force war Ende 1919 von 188 einsatzfähigen Staffeln mit 22 650 Flugzeugen auf zwölf Staffeln geschrumpft. Hier war für die Hersteller also auch kein Geschäft zu machen.

Die wenige noch vorhandene Arbeit verteilte sich auf geringfügige Bestellungen der Streitkräfte und kleine Exportaufträge. So richteten sich alle Hoffnungen auf die zivile Luftfahrt. Anfangs behalfen sich die jungen Fluggesellschaften damit, die ersten Verkehrsflugzeuge auf der Grundlage vorhandener Bombertechnik zu bauen, so zum Beispiel die Handley Page W.8 „Flying Saloon", die viel Platz für 15 bis 20 Passagiere oder für größere Mengen Frachtgut bot. Nur konnte man so keinen technischen Fortschritt erzielen. Die deutsche Junkers F 13 hingegen mit ihren niedrig angesetzten freitragenden Flügeln wirkte da schon viel moderner. Sie war das erste echte Verkehrsflugzeug, im Grunde allerdings auch nur ein raffinierter Umbau der J 10 aus dem Krieg. Neben zwei Mann Besatzung konnte sie vier Passagiere befördern (der Vertrag von Versailles ließ keine größeren Flugzeuge zu).

Diese Flugzeuge boten genau wie die meisten anderen Modelle der 20er Jahre wenig Aufregendes.

Dann kam Caproni

Caproni in Italien hatte sich im Krieg mit seinen mehrmotorigen Bombern einen Namen gemacht. Als der Frieden kam, ging er wie die anderen Hersteller daran, die Bomber zu riesigen Airlinern umzurüsten. Es gab einen Prototyp eines Dreideckers mit drei Liberty-Triebwerken für 23 Passagiere und dazu im Jahr 1920 ein fünfmotoriges Ungetüm für 30 Passagiere. Jeder der drei Flügel hatte eine Spannweite von 33 m. Diese Flugzeuge waren zwar riesig, aber technisch nicht gerade inspiriert.

Im Februar 1921 schließlich gab es auf dem Lago Maggiore Versuche mit einem Flugboot, das alles Dagewesene weit übertraf. Die Caproni Ca 60 bot Platz für 100 Passagiere. Die neun Tragflächen waren jeweils in Dreierreihen angeordnet. Insgesamt acht 400-PS-Liberty Motoren trieben Zug- und Druckpropeller an. Und selbst dies war nur ein verkleinertes Modell einer endgültig geplanten Ausführung für Transatlantikflüge. Es handelte sich um einen Versuchsträger ohne die üblichen Höhenruder und die Höhensteuerung erfolgte über gegenläufi-

ge Bewegungen der Querruder an den vorderen und hinteren Tragflächen.
Von einer funktionierenden Höhensteuerung konnte aber kaum die Rede sein.
Am 2. März 1921 machte die Ca 60 Transaereo den ersten Flug über 1,6 Kilometer. Für den 4. März war ein zweiter Flug angesetzt. Diesmal allerdings kam es zu einem ungeplanten Absturz, den die Besatzung trotz aller Bemühungen nicht verhindern konnte. Beim Auftreffen auf das Wasser wurde der Rumpf schwer beschädigt, und der große Plan wurde schließlich aufgegeben.

Das ständige Streben nach Verbesserung

Während Caproni und andere noch mit ihren eckigen Kisten gegen die Gesetze der Aerodynamik ankämpften, kamen bereits Flugzeuge auf den Markt, die von vornherein aerodynamisch gestaltet waren. Aber auch hier war das Ergebnis nicht immer so, wie es die Konstrukteure gern gehabt hätten. In den USA baute die Remington-Burnelli Aircraft Corporation die R.B.1 mit Platz für 25 Passagiere. Der Rumpf war als besonders dickes Flügelprofil ausgelegt. Die zwei Besatzungsmitglieder saßen in offenen Cockpits

Flugboot Caproni Ca 60 Transaereo

oberhalb der Kabine. Aerodynamisch ungünstige Triebwerkgondeln waren nicht nötig, denn die zwei 420 PS starken Liberty-Motoren saßen im Bug, sodass nur die Propeller und die Kühler das glatte Bild störten. Die Absicht war, dass der Rumpf zum Auftrieb beitragen sollte, während die gewellte Duralumin-Außenhaut auf dem Sperrholzrahmen für Stabilität sorgte. Obwohl der Rumpf stolze 4,3 m breit war, hatten die Naben der beiden 3,12 m großen Propeller nur einen Abstand von 3,15 m zueinander, sodass sie nicht sehr effektiv arbeiten konnten. Schlimmer noch war, dass die Form des Rumpfes die Wirksamkeit des Heckleitwerks und damit die Steuerung des Flugzeugs beeinträchtigte. Auf die R.B.1 folgte im Jahr 1925 die R.B.2 mit einigen Verbesserungen und einer großen Kabine ausschließlich für Frachtgut. Die Stellung der Propeller blieb unverändert, den Antrieb besorgten inzwischen jedoch Galloway-Atlantic-Motoren mit je 520 PS. Die Flügelhäute bestanden nun nicht mehr aus Stoff, sondern aus gewelltem Duralumin. Der Rumpf verjüngte sich nach hinten, um die Steuerungseigenschaften zu verbessern.

Unverzagt und mit einem neuen Partner baute Vincent Burnelli im Jahr 1927 die Chapman-Burnelli CB-16, einen Eindecker für 20 Passagiere mit zwei langen Heckflossen, an denen eine völlig neue Höhenflosse mit Höhenrudern saß. Für den Vortrieb sorgten nun zwei Curtiss Conqueror mit je 625 PS und die Fahrwerksräder ließen sich mit Hilfe einer im Cockpit installierten Kurbel unter den Rumpf klappen. Die Höchstgeschwindigkeit lag bei 241 km/h. 1929 wurde für den Guggenheim-Wettbewerb um das sicherste Flugzeug eine leichte Variante mit zwei 90-PS-Motoren vom Typ ADC

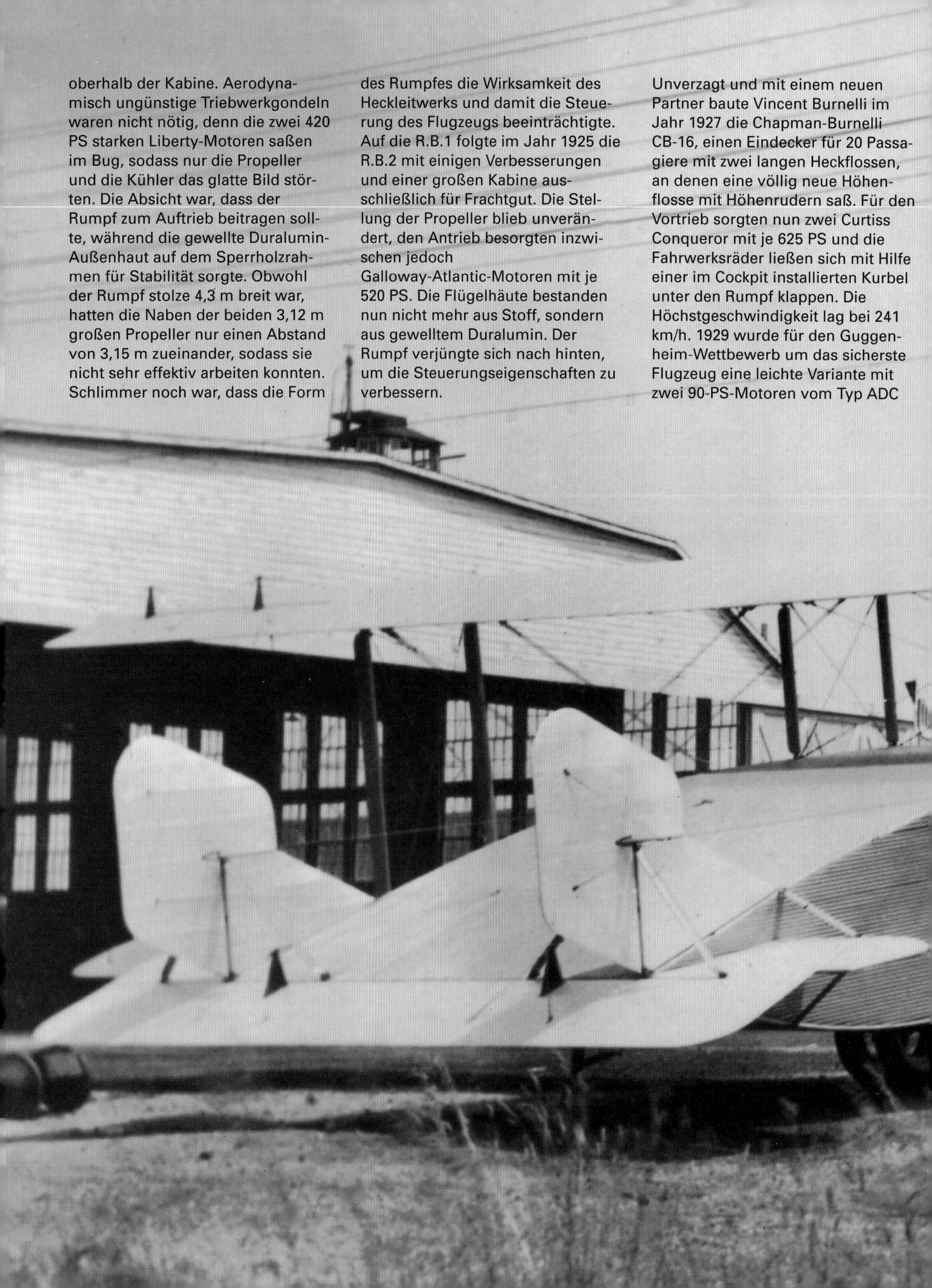

Cirrus III gebaut. Diese GX-3 verfügte über außergewöhnliche Merkmale wie Flügel mit veränderlicher Wölbung und über die volle Spannweite reichende Klappen.
Ungefähr zur gleichen Zeit gab es unter der Bezeichnung UB-20 eine weitere Variante der CB-16 mit mittragender Metallaußenhaut, starrem Fahrwerk und 800-PS-Packard-Motoren. Auch diesem Modell war kein großer kommerzieller Erfolg beschieden. Dann erschien 1934 die neue UB-14. Nach denselben Prinzipien gebaut, hatte sie einen kürzeren Rumpf für 14 Passagiere, der gleichzeitig als Mittelteil der Eindeckerflügel diente. Zum ersten Mal hatte auch die Besatzung ein geschlossenes Cockpit. Die zwei Schwanzstücke saßen an langen Auslegern, die gleichzeitig als verlängerte Flossen dienten, und das Fahrwerk ließ sich hydraulisch einfahren. Diesmal wurde nicht versucht, die beiden 680-PS-Sternmotoren vom Typ Pratt & Whitney Hornet in den Rumpf zu integrieren, aber sie saßen immer noch recht dicht beieinander. Leider ging die UB-14 im Jahr 1935 bei einer missglückten Landung zu Bruch. Als verbesserte Nachfolgeversion wurde die UB-14B vorgestellt. Zunächst sah es so aus,

Verkehrsflugzeug Remington-Burnelli R.B.1
Sammlung Philip Jarrett

als ob Burnelli endlich ein kommerzieller Erfolg vergönnt war, denn im Jahr 1937 wurde in Großbritannien die Cunliffe Owen Aircraft gegründet, um eine modifizierte UB-14B unter der Bezeichnung OA-1 mit 710-PS-Bristol-Perseus-Motoren zu bauen. Es blieb aber bei dieser einen Version.
Nach dem Zweiten Weltkrieg gründete die Canadian Car & Foundry Company (die die kanadischen Lizenzen für Burnellis Patente hatte) die Cancargo Aircraft Manufacturing Company, die die CBY-3 Loadmaster entwickeln und bauen sollte, Burnellis endgültige Version des „Auftriebskörpers“. Das Konzept war nun ausgereift, und die Loadmaster war eine beeindruckende Verkehrsmaschine für 22 Passagiere, mit einem konventionellen Cockpit im Bug und zunächst zwei 1450-PS-Motoren vom Typ Pratt & Whitney Twin Wasp. Sie verfügte immer noch über den flachen, flügelförmigen Rumpf, diesmal aber mit langen Auslegern für das Heckleitwerk.
Auch diese Version erreichte nicht die angestrebten Stückzahlen, sie erwies sich aber als leistungsfähiges Transportmittel und machte ihrem Konstrukteur alle Ehre. Seine größten Schwierigkeiten hatten stets darin bestanden, dass seine Flugzeuge ihrer Zeit zu weit voraus waren.
Auch andere Konstrukteure erkannten die Vorteile des „Auftriebskörpers“. Ende der 20er Jahre bauten Dyle & Bacalan (normalerweise als Schiffswerft bekannt) den Nachtbomber DB 10. Wie die Burnelli-Flugzeuge hatte dieser verstrebte Eindecker zwei dicht nebeneinander liegende Triebwerke (480-PS-Jupiter) und die zwei Piloten sowie der Bordschütze saßen in Tandem-Cockpits in Verkleidungen oberhalb des Rumpfes. Allerdings blieb es bei einem Prototyp. Anfang der 30er Jahre wurde aus der Luftfahrtabteilung von Dyle & Bacalan die Société Aérienne Bordelaise unter der Leitung von Nieuport-Delage. Sie übernahm die dreimotorigen Verkehrsflugzeuge DB 70 (die erstmals 1929 erprobt wurde) und DB 71 und entwickelte daraus die viermotorigen schweren Bomber AB 20 und AB 21. Es handelte sich um Eindecker mit zwei Heckauslegern und Spannweiten von über 36 m. Die Piloten saßen in dem Bug, der aus dem „Hauptauftriebskörper“ herausragte.
Jedes dieser Flugzeuge bot Platz für jeweils zehn Passagiere in den Vorderteilen der Heckausleger sowie einen Salon mit Tischen für acht weitere Passagiere im breiten mittleren Bereich. Die Bomber verfügten außerdem über einen verglasten Bug und waren auch sonst für Angriffsoperationen ausgelegt. Die Abwehrbewaffnung bestand aus der „Mülltonne“, einem Unterrumpfturm. Im Jahr 1931 wurde die DB 70 requiriert, um französische Stoßtruppen zu Manövern zu fliegen. Allerdings blieben auch die DB und AB Prototypen.
In Deutschland hatte sich Junkers der gleichen Idee verschrieben, optimalen Auftrieb mit möglichst viel Platz für die Passagiere zu verbinden. Das Konzept sah allerdings ein bisschen anders aus und war in vieler Hinsicht erfolgreicher. Am 6. November 1929 machte die G 38 ihren Jungfernflug. Es handelte sich um eine Ganzmetallkonstruktion mit überwiegend gewellten Außenhäuten und einer Spannweite von 44 m. Sie sah zunächst aus wie ein typischer Eindecker ihrer Zeit, bis die wahre Größe der Tragflächen ins Auge fiel. Bei der enormen Spannweite und Flügeltiefe waren die Flügelwurzeln so breit, dass eine Kabine für drei Passagiere in die Vorderkante integriert werden konnte.
Jede Seite verfügte über eine derartige verglaste Kabine. Zwei weitere Passagiere saßen im Bug und 26 im konventionellen Rumpf. Dieses riesige Flugzeug hatte vier Triebwerke, die in der letzten Ausführung jeweils 750 PS abgaben.
Es wurden nur zwei G 38 gebaut, die beide von der Deutschen Lufthansa

Verkehrsflugzeug Burnelli UB-14B
Sammlung Philip Jarrett

betrieben wurden. Eine davon ging 1936 verloren und die andere wurde 1940 bei einem Bombenangriff der Royal Air Force zerstört.
Unterdessen hatte Mitsubishi in Japan eine Lizenz für die G 38 erworben und zwischen 1931 und 1934 sechs modifizierte Versionen als schwere Bomber Ki-20 für das japanische Heer gebaut. Sie gingen als Typ 92 in den Dienst und sollten genügend Reichweite für einen Angriff auf die Philippinen von Stützpunkten außerhalb Japans bieten. Das Heer war jedoch von den Maschinen nicht gerade überzeugt und setzte sie im Krieg nicht ein.
So riesig die G 38 auch war, gegen andere Landflugzeuge und Flugboote der 30er Jahre wirkte sie doch zwergenhaft. Allerdings erreichten sie allesamt nur geringe Stückzahlen. Die wohl interessanteste und leider am schnellsten in Vergessenheit geratene Maschine war die Kalinin K-7 aus der Sowjetunion. Kalinin entwarf verschiedene Flugzeugmuster mit elliptischen Tragflächen. Bei der K-7, die ihren Jungfernflug am 11. August 1933 absolvierte, entschied sich Kalinin für eine elliptische Eindeckertragfläche von beinahe 53 m Spannweite. Das war schon fast ein „Nurflügelflugzeug". Es verfügte zwar über eine konventionelle Cockpitgondel an der Vorderkante der Flügel und zwei Heckausleger mit einem riesigen elliptischen Heckleitwerk, die angepeilten 120 Passagiere bzw. die Fracht sollten aber in Kabinen innerhalb der Tragflächen untergebracht werden. Um dies zu ermöglichen, hatten die Flügel nicht nur eine enorme Spannweite, sondern auch Flügelsehnen von 10,6 m, die eine Flügeltiefe von 2,33 m zuließen.
Die Planungen für die K-7 begannen schon 1931, aber später entschied sich die sowjetische Regierung, einen schweren Bomber daraus zu machen. Er war vorgesehen für eine Bombenladung von 14 500 kg oder eine Höchstlast von 19 000 kg.
Vier Kanonen zur Selbstverteidigung saßen im Bug und an drei Stellen im Heckausleger. Dieser Riese mit einem maximalen Startgewicht von

Rechts: Die riesige Junkers G 38 mit den Kabinen in den Tragflächen

Unten: Dyle & Balacan DB 70 im Jahr 1929. Später baute Bordelaise Bomber auf der Grundlage dieses Verkehrsflugzeugs.
Sammlung Philip Jarrett

D-2000
JUNKERS
D-2000

Links: Siebenmotoriger schwerer Bomber Kalinin K-7
Über die russische Stiftung Luftfahrtforschung/G. Petrow

Unten: Tupolew ANT-20MG Maxim Gorki *im August 1934*
Über die russische Stiftung Luftfahrtforschung/Unionphoto

42 400 kg war 225 km/h schnell. Er verfügte über Triebwerke M-34 F mit sechs Zugpropellern und einem Druckpropeller. Dann fiel im November während eines Testflugs in geringer Höhe ein Heckausleger ab und die Maschine riss 15 der 20 Passagiere mit in den Tod. Es wurden zwar noch zwei weitere K-7 begonnen, aber nie fertiggestellt.
Ein bekannterer sowjetischer Hersteller von Großflugzeugen war Tupolew, dessen schwere Bomber TB-1 und TB-3 als Eindecker zum Standardgerät der sowjetischen Luftwaffe zwischen den Kriegen zählten. Beim Einmarsch der deutschen Truppen waren sie immer noch als Transporter G-2 und als Nachtbomber für Alarmeinsätze im Dienst. Tupolew nutzte seine gesammelten Erfahrungen, um einen noch größeren Eindecker für einen ganz ungewöhnlichen Einsatz zu bauen: als Propagandaflugzeug für die Sowjetregierung. Die ANT-20MG *Maxim Gorki* absolvierte ihren Jungfernflug am 19. Mai 1934 und war das größte Landflugzeug ihrer Zeit. Sechs der acht 900-PS-Triebwerke vom Typ M-34FRN saßen an den 63 m breiten Flügeln, zwei weitere in Tandemanordnung an Trägern über dem Rumpf. Um der ungewöhnlichen Aufgabe gerecht zu werden, wurden Kabinen für Funk-, Druck- und Filmarbeiten installiert, während ein Projektor die Parolen an die Unterseiten der Flügel warf. Am 18. Mai 1935 kam es jedoch zu einem tragischen Unfall. Der Pilot eines Begleitjägers vom Typ Polikarpow I-5 versuchte, die Flügel der *Maxim Gorki* zu umkurven, blieb aber daran hängen. Beide Flugzeuge verkeilten sich ineinander und fielen vom Himmel. Der Pilot der I-5 und alle 45 Insassen an Bord der *Maxim Gorki* kamen ums Leben. Es gab Pläne für weitere 16 Einheiten, aber die Truppen waren nicht allzu begeistert von der Idee und so wurde das Flugzeug zum Verkehrsflugzeug ANT-20bis (PS-124) für 64–85 Passagiere umgerüstet. Die erste Maschine war 1938 fertig und nahm 1940 den Flugbetrieb zwischen Moskau und Mineralnye Wody auf. Es sollte aber bei dieser einen Ausfertigung bleiben. Später wurde die Maschine im Krieg eingesetzt und ging 1942 verloren.

Flugboote
Bei einigen der interessantesten und ungewöhnlichsten Flugzeuge der Zwischenkriegszeit handelte es sich um gigantische Flugboote, die im Auftrag der Fluggesellschaften Seen und Ozeane überqueren sollten, größere Etappen allerdings stückweise. Ungewöhnlich waren an diesen Flugbooten allerdings lediglich die Proportionen, denn zumindest zu ihrer Zeit waren sie die einzigen Flugzeuge, die geeignet und sicher genug für lange Überwasserflüge waren. Die französische Latécoère beispielsweise hatte die riesige Spannweite von 49,3 m und absol-

Das erste riesige Flugboot Latécoère 521 Lieutenant de Vaisseau Paris
Sammlung Philip Jarrett

vierte ihren Jungfernflug am 17. Januar 1935, angetrieben von sechs 860-PS-Motoren vom Typ Hispano Suiza 12Ybrs in Tandemanordnung. Bei Flügen über das Mittelmeer konnten 70 Passagiere mitfliegen, bei Transatlantikflügen reduzierte sich die Zahl auf 30.
Die Laté 521 wurde ein höchst erfolgreiches Flugzeug, obwohl ihr eine peinliche Panne passierte: Nach einem Transatlantikflug versank sie 1936 an ihrem Liegeplatz in Miami. Zum Glück wurde sie nicht allzu stark beschädigt und konnte zur Reparatur nach Frankreich zurückfliegen. Die Gelegenheit wurde genutzt, um gleichzeitig auch die originalen Triebwerke gegen etwas schwächere Hispano-Suiza-Motoren auszutauschen.
Von drei weiteren bestellten Exemplaren wurde nur die Laté 522 fertiggestellt. Zusammen mit der Laté 521 beim Ausbruch des Krieges von der französischen Marine beschlagnahmt, wurde sie aber schon nach ein paar Monaten wieder für den Passagierverkehr freigegeben. Endgültig ereilte die Latés 1944 das Schicksal, als die deutschen Truppen bei ihrem Rückzug beide Maschinen zerstörten. In der Zwischenzeit hatte die französische Marine drei bewaffnete Militärversionen vom Typ Laté 523 in den Dienst gestellt. Sie konnten bei ihren Atlantikpatrouillen bis zu 33 Stunden in der Luft bleiben. Eine Maschine wurde im September 1939 versenkt, eine zweite wurde von den eigenen Truppen versenkt, um sie nicht den Deutschen in die Hände fallen zu lassen. Die letzte schließlich stellte 1942 den Flugbetrieb ein, nachdem sie zuvor von Dakar aus eingesetzt worden war.

Auf die Baureihe Laté 521 folgten modernere sechsmotorige Flugboote, darunter die Latécoère 631 mit einer Spannweite von 57,43 m. Entworfen wurde sie 1938 als Transatlantikflieger für 40 Passagiere mit einer Reichweite von über 6000 km. Durch den Ausbruch des Krieges wurde die Entwicklung zunächst unterbrochen. Unter der deutschen Besetzung wurde die Maschine fertig gestellt und von den deutschen Truppen nach Friedrichshafen gebracht, wo sie aber von alliierten Bombern versenkt wurde.

Nach dem Krieg wurden von SNCA de Sud-Ouest neun weitere Laté 631 gebaut und mit Wright-Sternmotoren von 1600 PS oder mehr ausgerüstet. Air France erhielt sechs Maschinen und nahm im Juli 1947 den Transatlantik-Dienst zwischen Biscarosse und Martinique auf. Sie konnten aber die großen Erwartungen nicht erfüllen. Bis 1948 waren bereits zwei Maschinen abgestürzt und die anderen mussten daraufhin aus dem Passagierverkehr gezogen werden. Nun blieb noch der Frachtverkehr und so nahm die achte Laté 631 im Jahr 1949 den kommerziellen Verkehr auf, aber auch sie stürzte im folgenden Jahr ab. Ohne Aufgabe schlummerten die riesigen Flugboote unbenutzt vor sich hin, und einige fielen schließlich in ihren Hangars dem Unwetter zum Opfer. Zwei von vier sechsmotorigen Flugbooten vom Typ Sud-Est SE 200 wurden im Zweiten Weltkrieg von den Deutschen erbeutet und schließlich von der Royal Air Force zerstört, während die beiden anderen nach dem Krieg als 80-sitzige Verkehrsflugzeuge zum Einsatz kamen.

Der bemerkenswerten deutschen Dornier Do X wurde die doppelte Ehre zuteil, bei ihrem Jungfernflug am 25. Juli 1929 nicht nur das größte Flugzeug der Welt zu sein, sondern gleichzeitig auch das größte und schwerste Flugboot der Zeit zwischen den Kriegen. Entwickelt als gigantische Version der Dornier Wal für den kommerziellen Transatlantikverkehr, hatte das Flugboot im Endeffekt wenig praktischen Nutzwert, wurde aber ebenso berühmt wie das höchst erfolgreiche Luftschiff *Graf Zeppelin*.

Mit einer Spannweite von 48 m war die Do X nicht ganz so breit wie die Laté 521, übertraf sie aber in der Gesamtlänge um 8,5 m. Mit einem maximalen Startgewicht von 56 000 kg war sie anderthalb Mal so schwer und benötigte insgesamt zwölf in Deutschland gebaute 525-PS-Motoren vom Typ Bristol Jupiter und später 600 PS starke Curtiss Conqueror. Im Flug verbrauchte sie pro Stunde 1590 l Kraftstoff und hatte trotzdem eine Reichweite von 1700 km. Die vorgesehenen Flugetappen fielen in der Regel jedoch kürzer aus. Vor allen Dingen aber zeichnete sich die Do X durch absoluten Luxus aus.

Die vierzig bis achtzig Passagiere wurden in der 396 m^3 großen Kabine mit einer üppigen Ausstattung verwöhnt. Natürlich konnten nötigenfalls auch mehr Passagiere Platz finden. So hob die Do X am 21. Oktober 1929 mit zehn Mann Besatzung, 150 regulären und neun blinden Passagieren an Bord ab.

Trotz der beträchtlichen Höchstgeschwindigkeit von 216 km/h erreichte die Do X lediglich eine Gipfelhöhe von 500 m, was im Flugbetrieb oft zu Schwierigkeiten führte. Ihr denkwürdigster Flug begann am 2. November 1930 in Friedrichshafen und sollte zu Demonstrations- und Werbezwecken bis nach New York führen. Verspätungen und mehrere Unfälle, darunter ein Feuer an einer Tragfläche in Lissabon und Schäden am Rumpf auf den Kanarischen Inseln, sorgten dafür, dass sie New York erst am 27. August 1931 erreichte. Zwei weitere Flüge nach New York sind belegt und am 24. Juni 1932 landete sie nach einer

OBEN: Frühe Fotografie der Dornier Do X. Das größte Flugboot zwischen den Kriegen hatte zwölf Jupiter-Triebwerke in Tandemanordnung.

RECHTS: Flugboot Tupolew ANT-22 (MK 1) mit zwei Rümpfen
Über die russische Stiftung Luftfahrtforschung/G. Petrow

45 000-km-Reise durch Europa, Nord- und Südamerika auf dem Müggelsee bei Berlin. Während dieser Reise hatte sie den Atlantik zweimal überquert. Von diesen Leistungen einmal abgesehen, handelte es sich um ein unbrauchbares Flugzeug, sodass die zwei weiteren für eine italienische Gesellschaft gebauten Do X nie zum Einsatz kamen und lediglich für eine kurze Zeit von den Streitkräften übernommen wurden. Die deutschen Flugboote konnten sich noch durch weitere Leistungen auszeichnen. Während des Zweiten Weltkriegs war die Blohm und Voss Bv 222 Wiking das größte tatsächlich einsatzbereite Flugboot der Welt

und das Nachfolgemodell Bv 238 von 1944 war das größte Flugboot, das im Krieg gebaut und eingesetzt wurde. Mit einer Spannweite von 60,15 m und einem Gewicht von über 80 000 kg benötigte die Bv 238 sechs 1750 PS starke Daimler-Benz-Motoren. Der Prototyp wurde auf dem Schaalsee erprobt und schließlich an seinem Liegeplatz von US-Mustang-Jägern abgeschossen. Weitere Prototypen wurden nicht mehr fertiggestellt.

Ein höchst interessantes sowjetisches Konzept für ein gigantisches Flugboot stellte Tupolew 1934 vor. Im August begann die Erprobung der ANT-22 (MK 1). Gedacht als Langstreckenaufklärer/-bomber, sah das Flugzeug auf den ersten Blick aus wie zwei miteinander gekoppelte Flugboote. Die beiden Rümpfe wurden durch ein breites Mittelteil zusammengehalten, an dem auch die Bombenladung von 6000 kg befestigt war. Sechs Motoren vom Typ M-34R waren in Tandemanordnung an langen Streben über den Rümpfen und dem Mittelteil installiert. Der Pilot saß in einer zentral angeordneten Gondel an der Vorderkante der Tragfläche. Die beiden Rümpfe hatten insgesamt sechs Waffentürme zur Selbstverteidigung. Bei einer Spannweite von 51 m war die ANT-22 auf dem Wasser sehr brauchbar, die Gesamtleistung blieb jedoch hinter den Erwartungen zurück. Die Flüge wurden Ende 1936 aufgegeben, und zu einer Serienproduktion kam es nicht.

Immer noch größer

Was die Spannweite betrifft, so war das größte Flugzeug überhaupt

ebenfalls ein Flugboot, und zwar die Hughes H-4 Hercules *Spruce Goose* mit 97,5 m. Erdacht wurde sie von dem exzentrischen Multimillionär Howard Hughes im Jahr 1942, als er sich mit dem Schiffbauer Henry Kaiser zusammensetzte, um drei riesige Experimental-Flugboote als Angebot auf eine Ausschreibung der US Navy zu bauen. Es waren Plätze für 700 Passagiere oder ein riesiger Frachtraum vorgesehen. Da ein Mangel an den strategisch wichtigen Metallen abzusehen war, sollte die Konstruktion ganz aus Holz bestehen.

Die Arbeit an einem so riesigen Flugzeug erwies sich als nicht ganz einfache Aufgabe und es kam unvermeidlich zu Verzögerungen. Was aber die Auftraggeber mehr beunruhigte, war die Tatsache, dass die einzelnen Baugruppen zu schwer gerieten und den Erfolg des Projekts in Frage stellten. Da es letztendlich zu der Knappheit an Metall nicht kam, sah der Ausschuss für Flugzeug- und Kriegsproduktion keinen Sinn mehr darin, das Projekt weiter zu fördern.

Reich und starrsinnig, wie er nun einmal war, entschied sich Hughes dafür, allein weiterzumachen und den Zweiflern zu beweisen, dass er doch recht hatte. Es gelang ihm, eine H-4 fertigzustellen, was ihn 22 Millionen Dollar gekostet haben soll. Die einzelnen Bauteile waren so groß, dass 1946 für den Transport von der Produktionsstätte in Culver City zur Endmontage nach Long Beach (Kalifornien) Straßenkonvois mit Spezialanhängern zusammengestellt wurden. Die H-4 hatte das für damalige Zeiten unvorstellbare Gewicht von 181 436 kg und benötigte insgesamt acht 3000-PS-Triebwerke vom Typ Pratt & Whitney R-4360, um überhaupt abzuheben. Am 1. November 1947 wurde die H-4 zu Wasser gelassen und Hughes begann sofort mit den ersten Fahrversuchen im Hafen von Los Angeles. Bei der zweiten Fahrt zeigte es sich, dass das Flugzeug unerwartet

Hughes H-4 Hercules Spruce Goose

gut im Wasser lag, und so nutzte Hughes bereits den dritten Versuch zu einem noch gar nicht geplanten Flug. Ohne Kopilot, dafür aber mit etwa 30 Technikern und Beobachtern an Bord, gelang es der H-4, über eine Strecke von etwa 1,6 km in einer Höhe von 23 m über dem Wasser zu schweben. Oft wird behauptet, dass Hughes damit lediglich eine Wette gewinnen wollte. Ob es nun so war oder nicht, auf jeden Fall kündigte er an, die Flugversuche bis zum April 1948 einzustellen. Das Flugzeug kam in eine Halle, wurde eingepackt und nie wieder geflogen. 1981 wurde es für die Ausstellung „Queen Mary und Spruce Goose" nach Kalifornien gebracht und steht dort unter einer eigens dafür gebauten riesigen Kuppel.

Die gewaltigen Flugboote, ganz gleich welcher Herkunft, haben unterschiedliche Schicksale erlitten. Als nach dem Krieg die ersten

großen Landflugzeuge gebaut wurden, waren ihre Tage im Linienflug endgültig gezählt. Den Luxus, eine Reise ohne große Eile durchzuführen, wollte sich nun niemand mehr leisten.
Das Ende dieser Ära zeigt sich am deutlichsten an der Geschichte der britischen Saunders-Roe Princess. Sie wurde 1943 für den Einsatz nach dem Krieg entworfen und 1945 von BOAC und dem britischen Versorgungsministerium für den Nonstopverkehr zwischen London und New York mit 105–220 Passagieren eingeplant. Leider zog sich BOAC schon aus dem Programm zurück, bevor der erste Prototyp am 22. August 1952 amtlich registriert wurde.
So blieb nur noch eine Karriere als Frachtflugzeug für die Royal Air Force. Von drei zunächst bestellten Flugzeugen wurden nur zwei gebaut und nur das erste davon sollte jemals fliegen (insgesamt fast 97 Stunden bei 47 Flügen bis zum Juni 1954). Die fertig gestellten und angefangenen Flugzeuge wurden anschließend eingemottet und warteten auf mögliche Käufer, was immerhin bis 1966 nicht ausgeschlossen schien. Diese letzte Hoffnung musste endgültig aufgegeben werden, als ein Verschrotter die letzte Princess (den tatsächlich eingesetzten Prototyp) erwarb und einen Teil des Rumpfes als Büro nutzte. Die Princess bleibt trotz alledem ein Meilenstein in der Geschichte der Luftfahrt. Schließlich verfügte sie über eine Spannweite von 66,9 m und nicht weniger als zehn 3780-PS-Turbopropmotoren vom Typ Bristol Perseus 2, acht davon paarweise angeordnet.
Die großen Flugboote sind fast verschwunden, lediglich vom Militär werden sie noch genutzt.
Berjew in Russland ist heute der größte Hersteller solcher Flugzeuge.

LINKE SEITE OBEN: *Die einzige fliegende Saunders-Roe Princess*

LINKE SEITEN UNTEN: *Amphibienflugzeug Berjew VVA-14 im Schlepptau*
Über die russische Stiftung Luftfahrtforschung/G. Petrow

UNTEN: *Überbleibsel der Berjew 14M1P Ekranoplan mit festen Schwimmern. Die äußeren Tragflächen und die Triebwerke fehlen.*
Über die russische Stiftung Luftfahrtforschung

Er hat sich auf Modelle mit Strahlantrieb konzentriert. Einige Typen sind schon im Dienst, andere noch in der Entwicklung. Ein frühes Amphibienflugzeug von Berjew passt ausgezeichnet in den Kontext dieses Buches. Die VVA-14 oder M-62 absolvierte ihren Jungfernflug am 4. September 1972. Entwickelt als Prototyp eines großen U-Boot-Jägers (in drei Exemplaren), verfügte sie über einen zentralen Rumpf, der von zwei riesigen aufblasbaren Pontons über Wasser gehalten wurde. Diese waren wiederum an Gondeln mittig unter den Tragflächen befestigt. Die äußeren Flügelbeplankungsfelder sorgten für viel Auftrieb und hatten eine große Flügelstreckung. Da das Flugzeug sowohl vom Land als auch vom Wasser aus starten sollte und zudem noch die Eigenschaften eines Kurzstarters oder sogar eines Senkrechtstarters mitbringen sollte, hatte es neben den zwei oben liegenden Turboprop-Triebwerken zwölf in den Rumpf integrierte Hubstrahltriebwerke vom Typ RD-36. Das Konzept der VVA-14 kam zwar nicht über die Erprobungsphase hinaus, bildete aber die Basis für die 14M1P Ekranoplan (siehe Kapitel 5), die über zwei zusätzliche Starttriebwerke am Bug und feste Schwimmer anstelle der Pontons verfügte.

Huckepack und andere Variationen zu diesem Thema

In den Jahren vor dem Zweiten Weltkrieg waren die kleineren und auch konventionelleren viermotorigen Flugboote wie die Boeing 314, Martin 130, Shorts Empire und ähnliche höchst erfolgreich im zivilen Flugverkehr. Natürlich hatten sie nicht die für die Giganten angepeilten Nutzlasten. Eine der schwierigsten Herausforderungen galt es in den 30er Jahren aber noch zu bewältigen – die Einführung eines regelmäßigen Nonstopverkehrs über den Atlantik. Die kleineren Flugzeuge konnten diese Strecke

Short-Mayo Composite, bestehend aus dem Wasserflugzeug S.20 Mercury *und dem Flugboot S.21* Maia *als Träger*

MERCURY
HJ
MAIA

Oben: Ein Jäger vom Typ Curtiss Sparrowhawk wird in den Hangar der USS Macon gehoben.

Rechte Seite oben: Experimentalanordnung Zweno-2 mit Mutterflugzeug Tupolew TB-3, darüber zwei Polikarpow I-5, unter den Tragflächen zwei Polikarpow I-16 und unter dem Rumpf eine Grigorowitsch. Erprobt wird ein Verbundsystem.
Über die russische Stiftung Luftfahrtforschung

Rechte Seite unten: Verbundsystem Mistel der deutschen Luftwaffe.

nicht bewältigen, sodass selbst ein regelmäßiger Transatlantikdienst mit Zwischenlandungen erst im Jahr 1939 eingerichtet werden konnte. Angesichts dieser Lage versuchte Short in Großbritannien sich an dem patentierten Konzept von Major R. H. Mayo für ein „Verbundflugzeug". Es war damals schon bekannt, dass ein Flugzeug beim Flug ein höheres Gewicht mitführen konnte als beim Start. Ebenso wusste man, dass der Kraftstoff, der für den Start verbraucht wurde, eigentlich nur durch Luftbetankung zu ersetzen war, und die steckte damals noch in den Kinderschuhen. Wenn man allerdings ein Langstreckenflugzeug mit vollen Tanks und voller Zuladung durch ein zweites Flugzeug in die Luft brachte und von dort startete, konnte man Kraftstoff sparen und die Zuladung optimal nutzen. Aus dieser Idee wurde die Short-Mayo Composite geboren, bestehend aus dem Wasserflugzeug S.20 *Mercury* und dem bekannten Flugboot Empire S.21 *Maia* als Träger und Starthilfe. Der erste gemeinsame Flug fand am 20. Januar 1938 statt und die erste Abkopplung glückte kurz danach, am 6. Februar.
Nach einer Reihe erfolgreicher Erprobungen wurde die Composite

von Imperial Airways als Versuchsträger übernommen. Der erste kommerzielle Flug fand am 21. und 22. Juli des gleichen Jahres statt. Die *Maia* startete zusammen mit der *Mercury* in Foynes, Irland. Nach der Abkopplung flog die *Mercury* mit 450 kg Zeitungen und Fotos an Bord bis nach Montreal. Das war der erste erfolgreiche Nonstop-Frachtflug über den Atlantik. Nach dem Auftanken flog die *Mercury* nach New York weiter. Der Rückflug erfolgte mit Zwischenlandungen. Es folgten weitere Abkopplungen und denkwürdige Flüge, darunter einer von Schottland zum Orange River in Südafrika vom 6.–8. Oktober 1938. Dabei wurde gleichzeitig mit einer Strecke von 9651 km ein neuer Weltrekord für einen Nonstopflug eines Wasserflugzeugs aufgestellt.

Das Verbundsystem bediente die Strecke Southampton-Alexandria, bis der Zweite Weltkrieg ausbrach und die Flüge eingestellt wurden. Die Außerdienststellung der Short-Mayo Composite war aber nicht das Ende des Huckepacksystems. Im Zweiten Weltkrieg erprobte die deutsche Luftwaffe einen ähnlichen Ansatz. Ziel war die Entwicklung einer lenkbaren Flugbombe im Rahmen des Programms Beethoven, später besser bekannt als Programm Mistel. Dabei wurde ein bemannter einsitziger Jäger über ein Gerüst an einen mehrmotorigen unbemannten Bomber gekoppelt, der speziell für einen Hohlladungs-Sprengkörper umgerüstet wurde. Der Pilot brachte das Paar an das Ziel und klinkte dann den Bomber für den endgültigen Angriff aus. Die Steuerung des Bombers erwies sich allerdings als extrem schwierig.

Die erste Kampfeinheit, die mit dem System Mistel ausgerüstet wurde, war die im April 1944 aufgestellte 2. Staffel/Kampfgeschwader 101. Der erste Einsatz fand am 24./25. Juni

1944 statt. Fünf Systeme Mistel I, bestehend jeweils aus einem Jäger Messerschmitt Bf 109F-4 und einer Junkers Ju-88-4 mit einem 1725-kg-Sprengkopf, griffen in der Seinebucht alliierte Schiffe an, die die Invasion unterstützen sollten. Weitere Einsätze folgten, wobei später die Focke-Wulf Fw 190 als bemanntes Flugzeug verwendet wurde.

Auch die Sowjetunion versuchte sich im Zweiten Weltkrieg mit Verbundflugzeugen. Mehrere Jäger vom Typ Polikarpow I-16 wurden zu Sturzkampfbombern SPB umgerüstet und mit jeweils 250 kg Bomben bestückt. Sie wurden paarweise von den schweren Bombern Tupolew TB-3 aus gestartet. Diese Flugzeuge gehörten zu der Zweno-Langstreckeneinheit, die 1941 über Rumänien und der Ukraine im Einsatz war. Damit war der Höhepunkt der 1931 ins Leben gerufenen Zweno-Experimente erreicht.

Anfangs wurden Jäger vom Typ I-4 von den Tragflächen des Bombers TB-1 aus gestartet. Beim Experiment Zweno 2 kam die TB-3 zum Einsatz. Aber selbst vor diesen „Parasitenjägern" gab es bereits 1918 Versuche in Deutschland und Großbritannien, Jäger von Luftschiffen aus zu starten. In den USA führten die Versuche mit derartigen Jägern schon 1924 zum ersten einsatzbereiten Flugzeugträger-Luftschiff der Welt. Die von 1931 bis 1933 im Einsatz befindliche USS *Akron* konnte vier Jäger vom Typ Curtiss F9C-2 Sparrowhawk aufnehmen. Nach dem Verlust der *Akron* fanden die Jäger eine neue Heimat in der USS *Macon.*

Nach dem Krieg wurden viele Experimental- und Forschungsflugzeuge von der Luft aus gestartet, manchmal einfach deshalb, weil ihre Triebwerke nicht genügend Kraft für den Start hatten. So war es zum Beispiel mit dem französischen Experimentalflugzeug Leduc, dessen Staustrahltriebwerk erst richtig funktionierte, wenn die Luftgeschwindigkeit innerhalb der kreisförmigen Luftkanäle hoch genug war.

In den Vereinigten Staaten wurde ein kühner Versuch gestartet, das „Parasitenjäger"-Konzept aus der Vorkriegszeit weiterzuentwickeln, diesmal aber als Teil des Abwehrsystems des neuen strategischen Interkontinentalbombers Convair

Oben: Das Experimentalflugzeug Leduc 0.10 mit Staustrahltriebwerk im Musée de l'Air, Paris. Es absolvierte seinen ersten Flug mit Eigenantrieb am 21. April 1949, nachdem es von einem Verkehrsflugzeug SE 161 Languedoc aus gestartet war. Der Rumpf hat zwei Häute und das Cockpit befindet sich in der inneren Baugruppe. Die Außenhaut bildet den kreisförmigen Lufteinlass für das Staustrahltriebwerk mit 2000 kp Standschub.
Austin J. Brown

Rechte Seite oben: Start des McDonnell XF-85 Goblin vom Trapez einer B-29 am 23. August 1948

Kleines Bild: Der Goblin mit Stabilisierungsflossen an den Flügelspitzen

Rechte Seite unten: Der Raumgleiter Buran auf der Antonow An-225
Austin J. Brown

6524

387

B-36, der über sechs Schubpropeller verfügte. Das angebrochene Atomzeitalter erforderte einen ebenso modernen Düsenjäger, den McDonnell in der Form des XF-85 Goblin baute. Das winzige Flugzeug hatte gerade 6,48 m Spannweite und war 4,52 m lang. So war es klein genug, um mit abgeklappten Flügeln in den vorderen Bombenschacht der B-36 zu passen. Für den Vortrieb sorgte ein Westinghouse-Turbostrahltriebwerk J34-WE-22 mit 1360 kp Standschub. Start und Landung in der Luft sollten mit Hilfe eines einfahrbaren Trapezes erfolgen.
Die Versuche mit dem Goblin begannen 1948, zunächst mit einem modifizierten Bomber Boeing B-29 als Mutterflugzeug. Der erste Start erfolgte am 23. August. Für die ersten Versuche hatte der Goblin noch provisorische Notlandekufen. Dies sollte sich als glückliche Entscheidung erweisen, denn nach dem ersten Start und einem erfolgreichen Flug versuchte der Jäger, an das Trapez zu kommen, was aber an seiner Instabilität und den rauhen Wetterbedingungen scheiterte. Beim zweiten Versuch schlug das kleine Flugzeug so vehement mit der Kabinenhaube gegen das Trapez, dass sie zerbrach und dem Piloten den Helm und die Sauerstoffmaske entriss. Er griff sich den Sauerstoffschlauch und es gelang ihm, bei 274 km/h eine vorzügliche Notlandung hinzulegen. Daraufhin wurden die Tragflächen des Goblin mit Flossen ausgestattet, um die Stabilität zu verbessern. So ausgerüstet, gelang am 14. Oktober eine erfolgreiche Ankopplung und weitere sollten folgen. Trotzdem wurde der 837 km/h schnelle Jäger nie mit der serienmäßigen B-36 eingesetzt.
Zu den Huckepack-Konstruktionen unserer Tage zählt das sechsmotorige Turbofan-Frachtflugzeug Antonow An-225 Mrija, das den russischen Raumgleiter *Buran* auf seinem Rücken transportiert. Die An-225 ist derzeit das größte Flugzeug der Welt. Bereits vorher gab es ein ähnliches Gespann: Eine modifizierte Boeing 747 wurde so umgerüstet, dass sie die US-Raumfähre tragen konnte. Mit dem Gespann wurden zunächst aerodynamische Versuche durchgeführt und vom 13. August 1977 an wurde die Raumfähre von der Boeing aus gestartet, um ihre Gleitflugeigenschaften zu testen, bevor die tatsächlichen Einsätze im Weltraum kamen.

Immer schneller

Die vor dem Ersten Weltkrieg durchgeführten Flugzeugrennen waren ganz entscheidend für die Weiterentwicklung der Aerodynamik. Nationale und persönliche Eitelkeiten hielten den Prozess in Gang. Der 1919 veranstaltete Deutsch de la Meurthe

Linke Seite unten: Dayton-Wright RB in Etampes im Jahr 1920
Sammlung Philip Jarrett

Oben: Simplex von M. Arnoux, 1923
Sammlung Philip Jarrett/Photo-Rol.

Unten: Gee Bee Super-Sportster der Brüder Granville.
Sammlung Philip Jarrett

Cup wurde von eigens dafür hergerichteten Versionen von Kampfflugzeugen beherrscht, besonders von der SPAD XX und der Nieuport-Delage 29. Beim Gordon-Bennett Aviation Cup in Etampes am 20. September 1920 gewann wie so oft die Ni-D29V.
Als besonders interessant galt in Etampes jedoch ein anderes Flugzeug aus dem Starterfeld, das leider nicht auf Kurs blieb. Es handelte sich um die amerikanische Dayton-Wright RB. Bei der Dayton-Wright Airplane Company arbeitete Orville Wright als beratender Ingenieur und die RB hatte einige einzigartige Merkmale, die sie besonders außergewöhnlich und innovativ erscheinen ließ. Um möglichst wenig Luftwiderstand zu erzeugen, konnten die Räder des Fahrwerks in Einbuchtungen am Rumpf eingefahren werden. Die oben liegenden Tragflächen waren freitragend ausgelegt, hatten

OBEN: Der höchst originelle Pond Racer PR-01 von Scaled Composites
Shawn Aro

RECHTE SEITE: Stipa-Eindecker mit Venturirohr-Rumpf
Sammlung Philip Jarrett

also keinerlei äußerliche Streben oder Drähte, und der Pilot saß innerhalb des Rumpfes in einem Cockpit mit winzigen Seitenfenstern. Noch interessanter war der Mechanismus für die veränderliche Wölbung der Tragflächen. Die Vorder- und Hinterkanten konnten aufgestellt oder abgesenkt werden, um die Form der Tragflächen optimal anzupassen. Leider sollten ausgerechnet Probleme mit diesem System zum Ausscheiden aus dem Rennen führen. Renner mit mächtigen Triebwerken und möglichst kleinen, windschlüpfigen Rümpfen kamen in der Zeit zwischen den Kriegen immer wieder auf. Diese nicht gerade praktischen kleinen Maschinen dienten nur einem Zweck: so schnell wie möglich zu sein. 1923 erschien in Etampes die von M. Arnoux konstruierte elegante, aber kurze Simplex ohne Heckleitwerk. Die berühmtesten „Zwerge" waren jedoch die Gee Bees von den Brüdern Granville aus den Vereinigten Staaten. Das außergewöhnlichste Modell war die Super-Sportster. Sie wurde für das Thomson-Trophy-Rennen 1932 aufgebaut, hatte eine Spannweite von 7,62 m und einen 800 PS starken Sternmotor vom Typ Pratt & Whitney Wasp. Der Rumpf war lediglich 5,41 m lang und 1,52 m tief. Der Pilot saß unmittelbar vor der kleinen Heckflosse. Es handelte sich um den berühmten Flieger James Doolittle, der das Rennen mit einer durchschnittlichen Geschwindigkeit von

über 405 km/h gewann. Später stellte das Flugzeug sogar einen Weltrekord für Landflugzeuge auf. Für das National-Air-Rennen 1933 erhielt die Super-Sportster ein aufgeladenes Hornet-Triebwerk mit 900 PS. Tragischerweise verlor Russell Boardman beim Bendix-Trophy-Rennen sein Leben in diesem Flugzeug.
Nicht alle dieser „Zwergenrenner“ wirkten so plump. Die für die National-Air-Rennen 1936 vorbereitete (Harry) Crosby Special hatte einen bleistiftförmigen Rumpf, um möglichst wenig Luftwiderstand zu bieten. Dafür begnügte sie sich mit einem 300 PS starken aufgeladenen Reihenmotor vom Typ Menasco Buchaneer. Der spitz zulaufende Rumpf war so schlank, dass der Pilot eine halb liegende Stellung einnehmen musste.
Natürlich fanden diese Wettbewerbe bis zum Zweiten Weltkrieg und auch danach weiter statt, wenn es auch zwangsläufig immer wieder zu Unfällen kam. Die Konstrukteure und Piloten waren aber stets bereit, ein hohes Risiko einzugehen, da sie sich der Faszination der Preise, Rekorde und Lobreden kaum entziehen konnten. Auch heute ist es nicht anders, obwohl die Technik nichts mehr mit der von früher gemein hat. Bei vielen der stärksten Rennern mit Kolbenmotoren handelt es sich um stark modifizierte Exemplare aus dem Zweiten Weltkrieg, die zu Leistungen fähig sind, von denen ihre Konstrukteure nicht einmal träumen durften.
Ab und zu gibt es jedoch auch noch ganz ungewöhnliche Erscheinungen, die echtes Aufsehen erregen. Dies gilt zweifellos für den Pond Racer PR-01, der von Scaled Composites in den Vereinigten Staaten gebaut wurde. Er sollte nicht nur Rennen bestreiten, sondern auch den Weltrekord für Propellerflugzeuge brechen. Das Ziel lag bei 853 km/h.
Da es sich um eine völlige Neukonstruktion und keinen zweiten Aufguss bekannter Ideen handelte, kam von Anfang an die fortschrittlichste Technologie zum Einsatz, und das mit erstaunlichen Resultaten.

Kapitel 3
Der verzweifelte Kampf

Das Dritte Reich erwies sich im Krieg als idealer Nährboden für die merkwürdigsten Konstruktionen. Zunächst entsprangen sie genialen Ideen, später nur noch der Verzweiflung. Deutschland unterhielt so viele fortschrittliche Projekte, dass nach dem Krieg ein Großteil der Forschung in vielen anderen Ländern, insbesondere in den Vereinigten Staaten und der Sowjetunion, auf den Informationen deutscher Techniker und der Erbeutung von (teilweise unfertigen) Prototypen basierte. Die Sowjets fanden besonderen Gefallen an den deutschen Raketenprogrammen, Düsenjäger-Prototypen und Turbostrahltriebwerken.
Das zweifellos merkwürdigste Flugzeug im Zweiten Weltkrieg war die Blohm und Voss Bv 141. Sie entstammte einer Forderung aus dem Jahr 1937 nach einem taktischen Kurzstreckenaufklärer, der notfalls auch die Nachfolge der Henschel Hs 126 als Verbindungsflugzeug zum Heer antreten konnte. Aufgrund dieser Forderung konstruierte Dr. Ing. Richard Vogt bei der Hamburger Flugzeugbau die Ha 141. Seine Konstruktion war so außergewöhnlich geraten, dass der Bau eines Prototypen von der Regierung nicht gefördert wurde. Die Ha 141, die am 25. Februar 1938 ihren Jungfernflug absolvierte, musste somit völlig privat finanziert werden.
Gefordert wurde ein Dreisitzer mit ausgezeichneter Rundumsicht und einem einzigen Triebwerk mit einer Leistung von ungefähr 850 PS. Die Ha 141 schien die Forderungen in jeder Hinsicht zu erfüllen. Mit wenig Begeisterung gestattete das Reichsluftfahrtministerium schließlich die Weiterentwicklung zur Bv 141. Die neue Bezeichnung ging zurück auf die Umbenennung der Hamburger Flugzeugbau zu Blohm und Voss. Mitbewerber waren die Arado 198, ein eher konventioneller Eindecker mit einer großzügig verglasten Unterrumpfkanzel rund um die festen Hauptfahrwerkbeine, und die Focke-Wulf Fw 189 Uhu. Sie verfügte über zwei Heckausleger und hätte von vornherein abgelehnt werden müssen, da sie zwei Triebwerke hatte. Trotzdem war sie stets der heimliche Favorit.
Die Bv 141 war eine asymmetrische Konstruktion mit einer großzügig verglasten Cockpitgondel steuerbordseitig neben einem Ausleger, der sowohl das Triebwerk als auch das Heckleitwerk trug. Der backbordseitige Flügel hatte daher eine größere Spannweite als der an der Gondel montierte steuerbordseitige Flügel. Ein kleiner Mittelteil verband Ausleger und Gondel, um den verschobenen Schwerpunkt auszugleichen. Die Position des Cockpits konnte auch das Drehmoment des Propellers zu einem guten Teil ausgleichen. Es dauerte bis zum Mai 1943, bis die letzte Bv 141B zu Versuchszwecken ausgeliefert wurde. Bis dahin hatte es neben der ersten Ha 141 drei Prototypen Bv 141V und fünf Vorserienflugzeuge der Reihe A gegeben. Allerdings hatte die Fw 189 zu diesem Zeitpunkt schon ein Jahr an der Ostfront hinter sich. Die erste Bewertung der Bv 141B-V10 in Sachsen hatte Ende 1941 zu der Überlegung geführt, wenigstens eine Einheit mit der Bv 141 an der Ostfront aufzustellen. Dieser Gedanke wurde Anfang 1942 wieder aufgegeben, da sich die Probleme nicht lösen ließen.
Im Jahr 1937 entstand in Deutschland ein weiteres außergewöhnliches Flugzeug, die elegante und stets unterschätzte Dornier Do 335 Pfeil. In jenem Jahr hatte Dr. Ing. Claudius Dornier ein Patent beantragt, um ein von ihm entwickeltes Konzept zu schützen. Er war der Meinung, dass ein konventioneller Frontmotor mit Zugpropeller in Verbindung mit einem zweiten Motor und einem wellengetriebenen Schubpropeller hinter dem Leitwerk weitere Forschungen rechtfertigen

würde. Natürlich hatte es bereits vorher zweimotorige Flugzeuge mit „Zentralschub" gegeben. Eines der ersten Beispiele war der Dreidecker Siemens-Schuckert Dr I von 1917. Ein modernes Flugzeug dieser Bauweise mit beiden Motoren im Rumpf und Propellern an beiden Enden war jedoch einzigartig. Was noch wichtiger war, es bot bei einem zweimotorigen Flugzeug die glatteste Oberfläche mit möglichst wenig Luftwiderstand.

Um das Konzept des wellengetriebenen Heckpropellers zu erproben, erhielt Schempp-Hirth den Auftrag, einen kleinen Eindecker mit 80 PS für Versuchszwecke zu bauen. Die Göppingen Gö 9 flog erstmals im Jahr 1940. Ermutigt durch die guten Ergebnisse, baute Dornier eine Reihe von Jägern nach diesem Konzept, aber das Reichsluftfahrtministerium (RLM) zeigte nur kurzfristig Interesse. Die Firma sollte sich auf die bereits eingeführten und unbedingt benötigten Bomber und Flugboote konzentrieren. Dann skizzierte das RLM im Jahr 1942 eine Forderung nach einem einsitzigen Höchstgeschwindigkeits-Jagdbomber mit einer Bombenladung von 500 kg. Dornier setzte auf ein Modell mit Zentralschub. Sein Projekt 231 gewann die Ausschreibung und erhielt darauf die Bezeichnung Do 335. Kurz nach dem Beginn der Arbeiten machte die militärische Lage die Umwidmung zu einem großen, schweren Jäger erforderlich, der gleichzeitig als Jagdbomber, zweisitziger Nachtjäger und Langstreckenaufklärer agieren konnte.

Der erste von den vielen Prototypen und bereits bestellten Vorserien- und Serienflugzeugen flog im Oktober 1943. Ein Vorserien-Jagdbomber Dornier Do 335A-O absolvierte die erste Einsatzerprobung im Juli 1944. Daraufhin wurde eine Einheit für die Vollerprobung im September aufgestellt. Leider verzögerte sich die Montage durch die stockende Auslieferung der 1800-PS-Triebwerke Daimler-Benz DB 603 wie auch anderer Baugruppen. Das sollte ernste Konsequenzen haben. Es wurden nämlich nur noch dreizehn Serienflugzeuge Do 335A hergestellt, bevor die Fabrik von den US-Streitkräften überrollt wurde. In dieser kleinen Zahl sind auch noch zwei Schulflugzeuge mit Tandem-Cockpits enthalten. Andere Flugzeuge waren noch in verschiedenen Stadien der Fertigstellung. Mit einer Höchstgeschwindigkeit von 763 km/h zählten sie zu den schnellsten Flugzeugen mit Kolbenmotoren und waren gleichzeitig die schnellsten Flugzeuge der Luftwaffe im Krieg. Sie hätten viel zur Verteidigung Deutschlands beitragen können, wären sie nur eher auf eine höhere Stückzahl gekommen. Es ist aber davon auszugehen, dass letztendlich keine Maschine bei einer echten Kampfeinheit gedient hat.

Das asymmetrische Aufklärungs- und Verbindungsflugzeug Blohm und Voss Bv 141
Sammlung Philip Jarrett

Weg mit den Propellern

Bereits 1941 wurden in Deutschland Vorschläge zum Bau von Bombern mit Turbostrahltriebwerken genehmigt. Arado ergriff die Initiative mit

OBEN: Jagdbomber Dornier Do 335 Pfeil mit „Zentralschub"

RECHTE SEITE: Die Junkers Ju 287V1 mit ihren nach vorn gepfeilten Flügeln war der erste schwere Düsenbomber der Welt. Die Verkleidungen am Bugrad wurden vor dem ersten Flug abgenommen. Darunter befanden sich Räder der B-24 Liberator.
US Army

der zweistrahligen Ar 234 Blitz. Doch hatte bei der Verteilung der ersten Junkers-Turbostrahltriebwerke 109-004 der Bau von Düsenjägern und -jagdbombern Vorrang vor den echten Bombern. Die Lage wurde durch die Verzögerungen bei der Entwicklung der Triebwerke noch verschlechtert. Sogar Messerschmitt musste sich bei der Entwicklung des Düsenjägers Me 262 gedulden.
Heinkel wiederum hatte bereits im April 1941 seinen zweistrahligen Jäger He 280 in die Luft gebracht, er konnte jedoch auf seine eigenen Turbostrahltriebwerke HeS 8 zurückgreifen. Die Weiterentwicklung der He 280 wurde jedoch zu Gunsten der Me 262 aufgegeben.
Als Messerschmitt endlich am 18. Juli 1942 einen Me-262-Prototypen mit Turbostrahltriebwerk fliegen ließ, machte sich auch Arado Hoffnung, endlich an die begehrten Triebwerke zu kommen. Daraus wurde aber zunächst nichts und die erste Ar 234 flog erst am 15. Juni 1943. Trotzdem wurde der Bomber ein echter Erfolg.
Die Blitz war darauf ausgelegt, hoch und schnell zu fliegen. Der einzige Pilot verfügte über einen Schleudersitz in einer Druckkabine. Die Kombination dieser Eigenschaften machte die Ar 234 zu einer echten Innovation, selbst wenn der Schleudersitz bereits beim Nachtjäger Heinkel He 219 (mit Kolbenmotor) zum Einsatz gekommen war und Henschel die Druckkabine schon 1940 in den Prototypen der Hs 130 verwendet hatte. Zwei Versuchsflugzeuge von Arado

flogen am 20. Juli 1944 die ersten Einsätze, allerdings noch als Aufklärer ohne Schleudersitze und Druckkabinen. Die ersten Einsätze als Düsenbomber Ar 234B-2 begannen im Dezember während der Ardennen-Offensive.
Der gravierende Mangel an Kraftstoff und die Notwendigkeit, die Einheiten während des Vormarschs der Alliierten ständig auf andere Flugplätze zu verlegen, sorgten dafür, dass viele der 250 Ar234 nie den Weg in die Kampfeinheiten fanden, sodass ihr Potential nicht mehr voll genutzt werden konnte.
Inzwischen hatte Junkers 1943 mit den Arbeiten an einem schweren strategischen Düsenbomber begonnen, der später die Bezeichnung Ju 287 erhielt und langfristig die problematische Heinkel He 177 ersetzen sollte, die sich den Spitznamen „brennender Sarg" erworben hatte. Als Konkurrenten kamen Konstruktionen mit W-förmigen Flügeln von Blohm und Voss und ein sechsmotoriger Nurflügelbomber in Frage, ein Vorschlag von Horten. Junkers hatte ebenfalls Pläne für einen viermotorigen Nurflügelbomber in Arbeit, aber nur die Ju 287 wurde schließlich weiterentwickelt.
Der Bedarf an einem neuen großen strategischen Bomber war schließlich so dringend, dass Junkers 1944 noch während der Arbeit an der Ju 287 den Plan durchsetzen konnte, aus Baugruppen vorhandener Flugzeuge die Ju 488 als viermotorigen Bomber mit konventionellen Motoren zu bauen. Im Juli 1944 gelang es französischen Saboteuren jedoch, die Rümpfe der Prototypen zu zerstören, bevor sie per Bahn nach Bernberg gebracht werden konnten.
Bei der Ju 287 entschied sich Junkers für eine radikale Lösung mit nach vorn gepfeilten Flügeln, die alle anderen Vorteile konventioneller Pfeilflügel boten, aber ihre schlechtesten Flugeigenschaften nicht bei niedrigen, sondern bei hohen Geschwindigkeiten hatten.
Zwei der vier Jumo-004-Turbojets waren an den Tragflächen montiert, die anderen vorn am Rumpf. Der Vorschlag war aber so bahnbrechend, dass man sich entschied, die Konfiguration zunächst an einem Provisorium zu testen. So kam es am 16. August 1944 zum Jungfernflug einer Maschine, bestehend aus dem Rumpf einer He 177, dem Heck einer Ju 388 und vielen anderen geborgten Teilen. Die Bugräder stammten sogar von einer amerikanischen B-24 Liberator. Zwei abwerfbare Walter-Raketentriebwerke waren an Gondeln unter den Tragflächen montiert und sollten für zusätzliche Beschleunigung beim Start sorgen. Das Fahrwerk war nicht einziehbar.
Sogar als „zusammengeflickter" Prototyp erreichte die Ju 287V1 eine Geschwindigkeit von 558 km/h, im Sinkflug sogar 643 km/h. Im Juli 1944 war Deutschland in einer so prekären Lage, dass ein umfassendes Notprogramm für einen Jäger dringend notwendig wurde. Alle Bombervorhaben wurden gestoppt und erst 1945 kurz vor dem endgültigen Ende wieder aufgenommen. So war die Konstruktion der echten Ju 287 als Prototyp V2 noch in Arbeit, als die Fabrik von der Roten Armee besetzt wurde. Die Ju 287V2 stieß

auf lebhaftes Interesse und wurde zur Fertigstellung in die Sowjetunion verfrachtet. Von der sechsmotorigen Ju 287V3 waren nur wenige Baugruppen zu finden. Sie sollte zwei der Motoren im Bug tragen. Nach Schätzungen sollte sie die bemerkenswerte Höchstgeschwindigkeit von 864 km/h erreichen. Von der Ju 287V1 war nichts mehr übrig geblieben.
Die Luftwaffe setzte den Düsenjäger Messerschmitt Me 262A-1a als Abfangjäger Schwalbe ein (und später die Me 262A-2a Sturmvogel als Jagdbomber) und weckte damit in Deutschland neue Hoffnungen, den verheerenden Auswirkungen der alliierten Bombenangriffe etwas entgegensetzen zu können. Genährt wurden diese Hoffnungen auch noch durch den Einsatz der winzigen einsitzigen Messerschmitt Me 163 Komet. Es handelte sich um den ersten Abfangjäger der Welt mit Raketenantrieb. Gegen Ende Juli 1944 kam es zu ersten Begegnungen zwischen der Komet und US-Bombern und -Begleitjägern. Es gab aber auf beiden Seiten keine Verluste. In den folgenden Wochen wurden alle einsatzbereiten Staffeln des Jagdgeschwaders 400 (die einzige Komet-Einheit) in Brandis konzentriert. Letztendlich gelang es ihnen aber nur, neun feindliche Bomber abzuschießen, und es wurden auch nur etwa 300 Stück gebaut.
Die Komet absolvierte 1941 ihren ersten Flug als Prototyp, zunächst als Gleiter und dann auch motorisiert. Sie hatte im Gleitflug eine niedrige Sinkgeschwindigkeit und schaffte mit Raketenantrieb mehr als 1000 km/h. Die schließlich einsatzbereite Me 163B hatte ein Raketentriebwerk Walter HWK 109-509A-2 mit 1700 kp Standschub. Als Kraftstoff kam eine Mischung aus T-Stoff (Wasserstoffperoxid und Wasser) und C-Stoff (Hydrazinhydrat, Methylalkohol und Wasser) zum Einsatz. Damit erreichte die Komet eine Höchstgeschwindigkeit von 965 km/h und eine Anfangssteigleistung von 3660-5000 m in der Minute. Die Kehrseite dieser phänomenalen Leistung lag in der begrenzten Einsatzfähigkeit: Der Kraftstoff reichte nur für weniger als acht Minuten.
Es gibt eine Reihe von Gründen, warum die Komet im Krieg so wenig bewirkt hat. Nicht zuletzt die ständigen Bombardierungen durch die Alliierten, ihr weiterer Vormarsch, dem immer mehr Flugplätze zum Opfer fielen, aber auch Schwierigkeiten mit dem Motor, mit auslaufendem Kraftstoff sowie der allgemeine Mangel an Kraftstoff und Rüstungsmaterial machten der Luftwaffe zu schaffen. Die Komet sollte als Punktabfangjäger dienen und erst dann zum Einsatz kommen, wenn die feindlichen Bomber schon in Sichtweite waren. Dann sollte sie extrem schnell aufsteigen und im Gleitflug oder Sinkflug von oben angreifen.
Es war schwierig genug, mit nur zwei 20- oder 30-mm-Kanonen anzugreifen, wenn der Bomber mit über 480 km/h höherer Geschwindigkeit überholt wurde. Bei der Reichweite dieser Kanonen blieben dem Piloten nur zwei oder drei Sekunden und oft genug gab es Ladehemmungen. Die Kufenlandung bei 220 km/h war auch keine leichte Aufgabe und nicht wenige Flugzeuge explodierten bei der Landung.
Wie bereits erwähnt, war die Lage Ende 1944 äußerst kritisch. Es wurde klar, dass weder die Me 262 noch die Me 163 in ausreichenden Stückzahlen hergestellt und eingesetzt werden konnten, um die Katastrophe noch abwenden zu können. Strategische Materialien waren ebenfalls extrem knapp. Was benötigt wurde, war noch ein Hochleistungsjäger, der es mit den feindlichen Jägern aufnehmen konnte, nur eines der kostbaren Triebwerke benötigte und auch sonst keine wichtigen Materialien verschwendete. Der Aufbau musste so einfach sein, dass das Flugzeug in großer Zahl von ungelernten und angelernten Kräften hergestellt werden konn-

Messerschmitt Me 163B-1 Komet. Die Kufen kamen bei der Landung zum Einsatz, weil die Räder nach dem Start abgeworfen wurden.

Oben: Heinkel He 162A-2 Salamander, der hölzerne Volksjäger
Austin J. Brown

Rechte Seite: Bachem Ba 349 Natter an ihrem vertikalen Startgerüst bei den ersten Versuchen

te. Genauso wichtig waren gutmütige Flugeigenschaften, denn Göring glaubte, die talentiertesten jungen Segelflieger der HJ auch zu Jägerpiloten ausbilden zu können. Die ersten Flugzeuge blieben dann aber doch den professionellen Piloten der Luftwaffe vorbehalten.
Anfang September 1944 kam die offizielle Forderung für diesen Volksjäger. Mehrere Hersteller legten ihre Vorschläge vor, jedoch nicht Messerschmitt. Eine Woche musste als Vorbereitungszeit reichen. Heinkel hatte bereits vorher einen leichten Jäger unter der Bezeichnung „Spatz" entworfen, der sich zum Projekt 1073 weiterentwickeln ließ. Am 20. September wurde eine Attrappe vorgestellt, am 23. erhielt sie den Zuschlag, und der Vertrag wurde am 29. unterschrieben (als He 162 Salamander). Der erste Prototyp flog bereits am 6. Dezember, 69 Tage nach Vertragsabschluss, verunglückte aber am 10. Dezember.
Fünfzig He 162 sollten im Januar 1945 bereitstehen, 100 im Februar und 1000 in jedem folgenden Monat. Tatsächlich waren im Januar nur ein paar Stück fertig geworden. Durch den Vormarsch der Alliierten mussten Fabriken geschlossen und Flugplätze aufgegeben werden. Bis zum 4. Mai war die Einsatzgruppe JG 1 in Leck die einzige einsatzbereite Kampfeinheit mit der He 162. Ihre etwa 50 Flugzeuge hatten aber kaum noch Kraftstoff zur Verfügung. Vier Tage später kam die Kapitulation. Von ungefähr 300 fertig gestellten He 162 gingen nur 116 an die Luftwaffe, aber auch diese wurden höchst selten von feindlichen Piloten erspäht. Mit dem hölzernen Rumpf, dem darauf montierten BMW-Strahltriebwerk 109-003E mit 800 kp Standschub und den zwei

20-mm-Kanonen hatten sie fast alle der ursprünglichen Forderungen erfüllt, waren dafür aber ziemlich instabil und erforderten einen kundigen Piloten.

Bemannte Flugkörper

Neben den Jägern hatte Deutschland auch schon einige Jahre an Boden-Luft-Flugkörpern gearbeitet. Am weitesten fortgeschritten war die Henschel Hs-117 Schmetterling. Die Massenproduktion wurde für Dezember 1944 befohlen und der erste Start sollte etwa im März 1945 stattfinden. Man hoffte, bis Ende 1945 jeden Monat ungefähr 3000 Flugkörper herzustellen. Zum Einsatz kam jedoch kein einziger. Eine kuriose Mischung aus Jäger- und Flugkörpertechnik führte jedoch zu einem weiteren höchst außergewöhnlichen Flugzeug, der Bachem Ba 349 Natter.

Die Natter war gedacht als bemannter raketengetriebener Punktabfangjäger mit abtrennbarem Rumpf. Zum Einsatz kamen eine stärkere Version der Antriebsrakete aus der Me 163B (wie für die Me 163C vorgesehen) sowie zwei oder vier Hilfsraketen mit Feststoffantrieb. Der Start erfolgte über ein fast vertikales Gerüst. Bis zur Annäherung an den feindlichen Bomberverband blieb der Autopilot eingeschaltet, erst dann übernahm der Pilot das Steuer. Er sollte die Maschine auf das Ziel richten und den Bugkegel abwerfen. Dahinter befanden sich 24 73-mm-Raketen vom Typ Hs 217 Föhn, die er in einer Salve ins Ziel zu bringen hatte. Danach musste er den gesamten Bug abwerfen (zusammen mit dem schlichten Cockpit) und sich in den Rumpf begeben. Dieser schwebte an einem Fallschirm zu Boden und sollte wiederverwendet werden.

Der erste bemannte Start der Natter am 28. Februar 1945 endete jedoch in einer Katastrophe. Kurz nach dem Abheben aus dem Startgerüst löste sich plötzlich die Kanzel des Flugzeugs. Die Natter kippte über und sank über 1500 m langsam zu Boden. Der Pilot überlebte die Bruchlandung nicht. Erfolgreiche

Starts im März führten dann doch noch zu der Entscheidung, zehn Nattern in Kirchheim zu stationieren, um US-Bomber abzufangen. Sie waren sogar schon einsatzbereit, aber die alliierten Bodentruppen nahmen den Stützpunkt ein, bevor es zu einem Kampfeinsatz kommen konnte. Mit nur sieben bemannten und achtzehn unbemannten Versuchsflügen konnte die Natter weder der Luftwaffe noch den SS-Einheiten von irgendeinem Nutzen sein.

Das japanische raketengetriebene Kamikaze-Flugzeug Yokosuka MXY-7 Ohka wurde ab März 1945 eingesetzt und erlangte sogar noch eine gewisse Berühmtheit. Weniger bekannt sind die deutschen Fieseler Fi 103 R und Messerschmitt Me 328, die sich bei Selbstmordangriffen auf wichtige Land- und Seeziele selbst zerstören sollten. Sie waren für die Invasion der Alliierten vorgesehen. Der Unterschied zwischen den deutschen und japanischen Flugzeugen bestand darin, dass die deutschen Piloten eine marginale Chance hatten, vor dem Aufprall aus den Maschinen auszusteigen, obwohl dies in der Realität höchst unwahrscheinlich war.

Die Fi 103R war im Prinzip eine bemannte Version der fliegenden Bombe V1. Es wurden etwa 175 Einheiten gebaut, bevor der Plan zu Gunsten des Verbundflugzeugs Mistel aufgegeben wurde. Die Me 328 war fortschrittlicher konzipiert. Sie sollte von zwei Argus-Pulsostrahltriebwerken unter den Tragflächen angetrieben oder aber aus der Luft als Gleiter gestartet werden. In beiden Fällen konnte sie eine Außenlast von 500 oder 1000 kg Bomben tragen. Aber auch dieses Projekt wurde am Ende aufgegeben.

Riesige Lastensegler

Sofort nachdem Deutschland im Oktober 1940 die Operation Seelöwe (die Invasion der Britischen Inseln) verschoben hatte, wurden Junkers und Messerschmitt aufgefordert, in aller Eile riesige bewaffnete Lastensegler zu bauen, die bei einer künftigen Invasion im Rahmen einer Luftlandung schwere Panzerfahrzeuge, Kanonen, Vorräte oder Truppen befördern sollten. Das Vorhaben schien so dringend, dass bereits für den November jeweils 200 Exemplare der Ju 322 Mammut und der Me 263 Gigant geordert wurden. Letztere wurde von Messerschmitt später in Me 321 umbenannt.

Mit einer Spannweite von 55,25 m und einem Startgewicht von 35 000 kg oder sogar 39 400 kg bei Überladung war die Me 321 das größte einsatzfähige Segelflugzeug im Zweiten Weltkrieg. Der Rumpf aus Metallrohren, Holz und Stoff bot einen Laderaum von ca. 36 x 3,3 x 3,15 m. Die Me 321 konnte eine Last von 20 000 kg oder bis zu 200 Soldaten befördern. Der Bug konnte zum Beladen aufgeklappt werden.

Die erste Me 321 wurde am 25. Februar 1941 von einer Junkers Ju 90 in die Luft gezogen. Der Lastensegler bot ansprechende Leistungen, was vom Schleppflugzeug aber nicht behauptet werden konnte. So wurde zunächst eine Ju 290 benutzt, bis schließlich drei Jäger Messerschmitt Bf 110 jeweils eine Me 321 zogen. Im Juni 1941 wurde die erste Großraum-Lastensegler-

LINKS: Der motorisierte Lastensegler Messerschmitt Me 323

UNTEN: Fünfmotoriges Schleppflugzeug Heinkel He 111Z Zwilling

gruppe aufgestellt. Jede der drei Staffeln hatte sechs Lastensegler und jede der drei Schleppflugzeugstaffeln verfügte über zwölf Bf 110. Die optimale Lösung jedoch bestand in der Entwicklung eines weiteren außergewöhnlichen Flugzeugs, der Heinkel He 111Z Zwilling. Sie bestand aus zwei Bombern He 111H, die an den Tragflächen miteinander verbunden waren. Die He 111Z stand ab Mitte 1942 zur Verfügung, aber bis dahin hatte man die Me-321-Einheiten schon zu Gunsten der motorisierten Me 323 reduziert.

Die Me 321 wurde zuerst an der Ostfront für Versorgungsaufgaben eingesetzt. Als das Wetter immer schlechter wurde, war der Einsatz der drei Schleppflugzeuge Bf 110 schließlich zu gefährlich. So wurden die Einsätze Ende 1941 eingeschränkt und dann Anfang 1942 bis zur Invasion von Malta verschoben.

Durch die Einführung der He 111Z war das Problem mit dem Schleppen praktisch gelöst und diese Kombination sollte bei der Invasion zum Einsatz kommen. Schließlich wurde sie aber wie viele andere Einsätze auch aufgegeben. Die Me 321 leistete dann 1943 noch gute Dienste bei der Folgeversorgung der deutschen Truppen in Stalingrad. Danach hatte sie nur noch wenige Einsätze.

Wegen der Schwierigkeiten mit dem Schleppen war inzwischen die Entscheidung gefallen, eine motorisierte Variante der Me 321 zu entwickeln. So wurden zwei vorhandene Flugzeuge umgerüstet, eines mit vier und das andere mit sechs Motoren. Die Erprobungen begannen im Frühjahr 1943. Die Serienmodelle Me 323D und E wurden Ende 1942 in Dienst gestellt.

Jedes verfügte über sechs Sternmotoren Gnome-Rhône 14N 48/49 mit 1140 PS. Diese Flugzeuge waren

schwerer als die Me 321 und konnten nur noch 120–130 Soldaten befördern. Es wurden fast genauso viele Me 323 wie Me 321 gebaut. Sie unterstützten ab Ende 1942 das Afrikakorps, mussten aber am Boden und in der Luft schwere Verluste hinnehmen. Trotz der ordentlichen Bewaffnung zur Selbstverteidigung war die 210 km/h langsame Me 323 ein leichtes Ziel. Viele Me 323 beendeten ihre Laufbahn mit Versorgungs- und Evakuierungsflügen an der Ostfront bis Mitte 1944.
Junkers hatte unterdessen mit der Ju 322 Mammut nicht so viel Glück. Die Firma hatte das Pech gehabt, einen offiziellen Auftrag für einen hölzernen Lastensegler zu erhalten, aber wenig Erfahrung mit diesem Baumaterial. Die Me 321 hingegen war eine Stahlrohrkonstruktion. Junkers baute die Ju 322 als Nurflügelflugzeug mit einer Spannweite von 62 m, allerdings mit einem Ausleger für die konventionelle Heckeinheit. Der breite Mittelteil der Tragfläche diente gleichzeitig als Laderaum. Der Zugang erfolgte über abnehmbare Beplankungsfelder an der Vorderkante. Das Cockpit war nach Backbord abgesetzt und drei Waffentürme dienten der Verteidigung. Die hölzerne Konstruktion sorgte dafür, dass die Nutzlast um 20 % geringer ausfiel als vorgesehen. Bei Beladeversuchen zerdrückte zudem ein Kampfpanzer den Boden des Laderaums. So musste ein stärkerer Boden konstruiert werden, was die Nutzlast um weitere 22 % reduzierte. Die Erprobungsflüge waren für April 1941 angesetzt und als Schleppflugzeug sollte eine Junkers Ju 90 dienen. Nun folgte eine Reihe weiterer Beinahe-Katastrophen. Die Ju 90 hatte Schwierigkeiten, das Segelflugzeug vor dem Ende der Startbahn in die Luft zu bringen. Kurz nach dem Abheben warf der Segler das Fahrwerk ab. Es fiel zu Boden und einzelne Stücke prallten zurück gegen das Flugzeug. Beim Schleppen erwies sich der Segler als höchst instabil, gewann rasch an Höhe und zog das Heck des Schleppflugzeugs nach oben. So konnte dieses nicht weiter aufsteigen. Der Pilot des Seglers erkannte die Gefahr, löste die Leine und stabilisierte die Ju 322. Er landete sie sicher auf den Kufen, aber weit weg vom Flugplatz. Es dauerte zwei Wochen, das Flugzeug mit Panzern zurückzuschleppen, da erst ein geeigneter Weg gebaut werden musste. Obwohl Junkers noch einige Details änderte, wurden die Pläne im Mai aufgegeben. Die anderen 98 fast fertig gestellten oder im Bau befindlichen Ju 322 wurden zu Brennholz zerlegt.
Die Royal Air Force hatte zwar 1940 den deutschen Angriff auf England abgewehrt, glaubte aber genau wie die deutsche Luftwaffe, dass die Kämpfe wieder aufleben würden. Daher wurde der Verteidigung der Britischen Inseln absoluter Vorrang eingeräumt. Unter anderem gab es Pläne, die deutschen Flugzeuge bei ihren Angriffen auf die Küste unter Beschuss zu nehmen oder deutsche Versorgungsschiffe anzugreifen. Als Mittel zum Zweck sollte die Westland P12 dienen, eine Modifikation des Verbindungsflugzeugs Lysander. Die ersten Pläne sahen eine 20-mm-Kanone an den festen Fahrwerkbeinen vor. Das Heck wurde gekürzt und mit einem Waffenturm versehen. Dazu sollte hinten ein zusätzlicher Tandemflügel mit Abschlussflossen und Rudern für bessere Höhenstabilität montiert werden. Die P12 absolvierte ihren Jungfernflug am 27. Juli 1941 und erwies sich sofort als außerordentlich wendig. Sie wurde dann für die offizielle Erprobung übergeben, ging aber nie in die Produktion, weil die erwartete Bedrohung immer geringer wurde.

OBEN: Hölzerner Lastensegler Junkers Ju 322 Mammut

RECHTS: Tandemflügler Westland P12 für Strandbeschuss

Die Alliierten

Im Allgemeinen kann man wohl sagen, dass die Kampfflugzeuge der Alliierten im Zweiten Weltkrieg im Vergleich zu den oben beschriebenen Einzelstücken der Luftwaffe eher konventionell ausgefallen sind. Die Alliierten waren nicht gezwungen, gegen Ende des Krieges ein Notprogramm für Jäger aufzulegen, um die Bombardierungen rund um die Uhr abzuwehren. Sie hatten auch nicht ernsthaft versucht, die vielen fortschrittlichen Technologien, die die deutschen Planer als lebensnotwendig erachteten, weiter zu erforschen. Sicherlich gab es den britischen Düsenjäger Gloster Meteor, der etwa gleichzeitig (im Jahr 1944) mit der deutschen Me 262 eingeführt wurde. Zum Ende des gleichen Jahres stellte die USAAF die Bell P-59 Airacomet in Dienst, die allerdings auf einem Transfer britischer Technologie basierte. Dieses Flugzeug wurde allerdings nur in kleinen Stückzahlen für Ausbildungszwecke gebaut.

Natürlich gab es auch bei den Alliierten ungewöhnliche Projekte. Es blieb zwar Deutschland (und gelegentlich auch Japan) vorbehalten, Flugzeuge tatsächlich einzuführen, trotzdem gab es überall, und ganz besonders in den Vereinigten Staaten, experimentelle Prototypen, die als außergewöhnlich bezeichnet werden können. Die USAAF ließ im Zweiten Weltkrieg mehrere Experimental-Jäger mit Kolbenmotoren für Erprobungen bauen, um noch radikalere Auslegungen zu untersuchen. Zu den revolutionärsten Modellen zählt die Curtiss XP-55 Ascender. Sie verfügte über hinten sitzende Pfeilflügel und Flügelohren, kleine Entenruder und einen 1275-PS-Kolbenmotor vom Typ Allison V-1710, der hinten im Rumpf saß und einen dreiblättrigen Schubpropeller antrieb. Die XP-55 schaffte 628 km/h, ging aber nie in die Produktion.

Auf den ersten Blick weniger radikal schien der Jäger Vultee XP-54, von dem zwei Prototypen gebaut wurden. Der erste Flug fand am 15. Januar 1943 statt. Angetrieben von einem 2300 PS starken Lycoming-Triebwerk XH-2470-1, sollte damit das Konzept gegenläufiger Schubpropeller erprobt werden. Der Jäger hatte Knickflügel und der Pilot saß auf einem Schleudersitz in einer Druckkabine.

Von Northrop kam die XP-56 (vom Hersteller als N-2B bezeichnet), ebenfalls mit gegenläufigen Schubpropellern, aber mit einem 2000-PS-Kolbenmotor vom Typ Pratt & Whitney R-2800-29. Die Tragflächen dieses Jägers hatten Beplankungen in positiver V-Stellung und am Heck saßen lediglich Flossen oben und unten. Die Steuerung erfolgte über Luftruder an den oberen und unteren Beplankungsfeldern der Tragflächen und Höhenruder an den Hinterkanten. Zwei Flugzeuge wurden gebaut, von denen eines am 30. September 1943 geflogen wurde.

Ein ungewöhnlicher US-Jäger, der tatsächlich in die Produktion gehen sollte, war die North American P-82 Twin Mustang. Sie sollte Langstreckeneinsätze im Pazifik fliegen. Die 270 gebauten Flugzeuge waren in erster Linie als Begleit- und Nachtjäger gedacht und bestanden aus einer Kombination zweier P-51 Mustang. Sie waren an den Flügeln und am Heck miteinander verbunden und verfügten über zwei Piloten. Eine (1948 umbenannte) F-82G sorgte am 27. Juni 1950 für den ersten amerikanischen Luftsieg gegen eine nordkoreanische Yak-9.

Das wohl originellste Jägerkonzept der Alliierten im Krieg war die Chance Vought F5U Skimmer. Geplant als Marinejäger, sollte sie einen möglichst breiten Geschwindigkeitsbereich abdecken, vom langsamen Stand- und Schwebeflug bis zu 684 km/h, d. h. als Flugzeug und Hubschrauber gleichzeitig fungieren. Um diese scheinbar unlösbare Aufgabe anzugehen, sollten die zwei 1350-PS-Kolbenmotoren Pratt & Whitney R-2000 Twin Wasp vierblättrige Propeller mit kippbaren Blättern antreiben. Bei einem entsprechenden Anstellwinkel fungierten sie wie bei einem Hubschrauber als Rotorblätter. In der fast kreisförmigen Flügel-/Rumpf-Konstruktion saß der Pilot in einer verglasten

Kanzel. Die Bewaffnung sollte aus vier 20-mm-Kanonen und sechs 12,7-mm-MGs bestehen. Dazu kamen Vorrichtungen für zwei 454-kg-Bomben. Um Daten für die XF5U-1-Prototypen zu sammeln, wurde unter der Bezeichnung V-173 ein maßstabsgetreues Modell aus Holz und Stoff gebaut. Es verfügte über zwei 80-PS-Kolbenmotoren Continental C80. Der erste Flug fand am 23. November 1942 statt. Schließlich wurden zwei Prototypen in voller Größe geordert, aber nur einer wurde 1947 für Versuche in Muroc gebaut, jedoch niemals geflogen.

Oben: Jäger Vultee XP-54 mit Druckkabine

Rechts: Maßstabsgetreues Demonstrationsmodell der Chance Vought V-173 Skimmer
Sammlung Philip Jarrett

11211

02978
U.S.NAVY

Kapitel 4
Mit und ohne Flügel

„Nurflügelflugzeuge" (ohne konventionellen Rumpf) sind fast ebenso alt wie die Geschichte der motorisierten Luftfahrt. Eine moderne Variante ist derzeit der neueste strategische Bomber der US Air Force. Es handelt sich um das fortschrittlichste Flugzeug aller Zeiten und auch das teuerste: Jedes Exemplar kostet über 2 Milliarden Dollar!

Die Geschichte des Nurflügelflugzeugs ist stets eng mit dem Militär verbunden gewesen, allerdings gab es auch hier einige bemerkenswerte Ausnahmen. Leutnant John Dunne begann 1904 in England mit den theoretischen Vorarbeiten an einem von Natur aus stabilen Flugzeug. 1905 baute er deshalb einen Gleiter in voller Größe, der nach entsprechenden Modifikationen später motorisiert werden sollte. Zu diesem Zeitpunkt arbeitete Dunne zusammen mit dem berühmten Samuel Franklin Cody als Konstrukteur bemannter Flugdrachen für die Ballonfabrik der British Army in Farnborough. Er war daher bei der Army schon bekannt und konnte die Regierung so für sein Projekt begeistern, dass der Bau des Gleiters D1 finanziert und unter größter Geheimhaltung vorgenommen wurde.

Dunnes Konzept war ein Doppeldecker mit V-förmigen, gepfeilten, übereinander angeordneten Flügeln, die so geformt waren, dass die Flügelspitzen zwecks größtmöglicher Stabilität einen negativen Anstellwinkel hatten. Da Dunne gesundheitliche Schäden aus dem Burenkrieg zurückbehalten hatte, konnte er den Gleiter selbst nicht fliegen. Nach einem Unfall bei einem kurzen Flug entschied man sich, das Flugzeug zu reparieren und mit Motoren auszurüsten. Die jeweils 7,5 PS der beiden Triebwerke reichten aber nicht zum Abheben aus, nicht einmal auf einer abschüssigen Rampe. Bei den verzweifelten Versuchen, die Maschine mit dieser Methode und den kleinen Motoren zum Fliegen zu bringen, wurde noch mehr Schaden angerichtet. So wurde die D1 wieder umgebaut, erhielt 1908 als D4 einen 25-PS-Motor, eine Pilotengondel, Flossen an den Flügelspitzen und ein festes vierrädriges Fahrwerk. Selbst das neue REP-Triebwerk hatte noch nicht genügend Leistung und die D4 brachte mit viel Mühe ein paar Hüpfer zustande. Als die Regierung die Fördermittel strich, verließ Dunne die Ballonfabrik und nahm die D4 mit.

Der Flugzeughersteller Short baute Dunnes D5 mit finanzieller Unterstützung des Blair Atholl Aeroplane Syndicate. Mit einem 60-PS-Triebwerk und zwei Schubpropellern absolvierte es im Jahr 1910 seinen Jungfernflug. Es war ohne Einwirkung des Piloten zum Horizontalflug in der Lage.

Es folgten weitere Maschinen, darunter die nach einem Unfall als D8 neu aufgebaute D5. In diesem Flugzeug stieg 1913 ein französischer Pilot in der Luft aus und ging auf den Tragflächen spazieren. Besser konnte er sein Vertrauen in die absolute Stabilität des Flugzeugs kaum beweisen.

Die Pterodactyle

In den 20er Jahren entwickelte Captain G. T. R. Hill in Großbritannien ein heckloses Flugzeug mit einem Flügelquerschnitt, der einen stationären Luftangriffspunkt aufwies. So konnte das Flugzeug sogar noch bei einem Strömungsabriss gesteuert und manövriert werden. Durch die gepfeilten Flügel wurde ein hohes Maß seitlicher Stabilität bei niedrigen Geschwindigkeiten sichergestellt. Westland Aircraft interessierte sich für dieses so genannte Pterodactyl und führte bis in die 30er Jahre eine Reihe von Versuchen damit durch. Nach ersten Experimenten mit einem Gleiter wurde die motorisierte Mk 1A gebaut. Bei Ver-

LINKE SEITE: Dunne D4. Die unregelmäßigen weißen Linien auf den Flossen und Tragflächen dienten zur Tarnung. Sie sollten verhindern, dass unwillkommene Beobachter die Form des Flugzeugs erkennen konnten.
Sammlung Philip Jarrett

UNTEN: Westland-Hill Pterodactyl Mk 1B

suchen im Jahr 1926 erwies sie sich als außerordentlich gut steuerbar und wurde daraufhin als erstes Pterodactyl vom britischen Luftfahrtministerium übernommen. Die Version Mk 1B verfügte über einen kräftigeren 80-PS-Motor, die darauf folgende Mk IV hatte sogar eine geschlossene Kabine für drei Personen. Besonders interessant war die Mk V Sesquiplane (Anderthalbdecker), die in den 30er Jahren als experimenteller Zweisitzer mit einem 600 PS starken Rolls-Royce-Goshawk-Triebwerk im Bug und einem Waffenturm im Heck gebaut wurde.

Bei den motorisierten Dunne- und Westland-Hill-Flugzeugen handelte es sich eher um hecklose als um Nurflügelflugzeuge. Auch der 1939 von Viktor Beljajew in der Sowjetunion gestartete Versuch, einen von Natur aus stabilen Langstreckenbomber als DB-LK mit doppeltem Rumpf und nach vorn gepfeilten Flügelnzu bauen, fiel mit Sicherheit nicht in diese Kategorie (obwohl dies manchmal behauptet wird). Doch gab es auch zu jener Zeit schon Flugzeuge, die dem Konzept des Nurflügelflugzeugs wirklich entsprachen.

Gotha-Bomber tauchen wieder auf

Die Brüder Reimar und Walter Horten haben in Deutschland eine Reihe höchst bemerkenswerter unmotorisierter und motorisierter Nurflügelflugzeuge gebaut. Der erste Gleiter Ho I von 1931 fiel höchstens durch seine Erfolglosigkeit auf. Es folgten vier Exemplare des verbesserten Gleiters Ho II. Der Pilot wurde liegend untergebracht, um sicherzustellen, dass eine möglichst flache Kanzel die aerodynamischen Eigenschaften des Flügelprofils nicht allzu sehr beeinträchtigte. In eine Ho II wurde später ein 80-PS-Hirth-Motor eingebaut. Diese Kombination flog erstmals 1935. Alle weitere Horten bis zum Typ Ho VI waren dann bis auf die zweisitzige Ho V, die im Jahr

1938 mit zwei Hirth-Motoren flog, wieder Gleiter. Zu den Testpiloten zählte unter anderem die berühmte deutsche Pilotin Hanna Reitsch. Die Ho VII mit zwei 240 PS starken Motoren vom Typ Argus As 10 brachte es wiederum nur zum Prototypen, obwohl ernsthaft überlegt worden war, den Typ als Schulflugzeug zu nutzen.
Die wichtigste Horten war dann die Ho IX, die 1942 als einsitziger Tagjäger mit Strahlantrieb konzipiert wurde. Die erste Flugzeugzelle war schon fast fertig, als die beiden BMW-Motoren 109-003A-1 zum Einbau eintrafen. Leider waren sie etwas größer als erwartet und passten zum Schrecken aller Beteiligten nicht zwischen die Holme. So wurde die V1 1944 wiederum als Segelflugzeug erprobt. Inzwischen war Ho IXV2 umgebaut worden, um zwei hochentwickelte Turbostrahltriebwerke vom Typ Junkers 109-004B-1 aufzunehmen (die sogar noch größer waren). Mit diesen Triebwerken wurden fast 800 km/h erreicht, bevor das Flugzeug Anfang 1945 verloren ging. Bis dahin hatte es gerade zwei Stunden geflogen. Trotz der ständigen Rückschläge steckte in den Nurflügelflugzeugen von Horten so viel Potential, dass im Sommer 1944 das Entwicklungsprogramm der Ho IX offiziell an Gotha übergeben wurde. Unter der Bezeichnung Go 229 wurden sieben weitere Prototypen und 20 Vorserienflugzeuge geordert. V3 war der Prototyp eines Jagdbombers und schon fast bereit für den Probeflug, als die Fabrik von den US-Streitkräften eingenommen wurde. V4 sollte der erste zweisitzige Tag- und Nachtjäger werden und V7 ein zweisitziges Schulflugzeug mit Tandemcockpit. Die geschätzte Höchstgeschwindigkeit der Go 229A lag bei 977 km/h und als Bewaffnung für den Jagdbomber waren vier 30-mm-Kanonen sowie zwei 1000-kg-Bomben vorgesehen.
Ein nicht für das Militär vorgesehenes Nurflügelflugzeug war die Ho VIII, ein Verkehrsflugzeug für 60 Passagiere. Da der Bau des Prototyps mit 48 m Spannweite erst nach dem

Ausbruch des Kriegs begann, wäre die Ho VIII bei rechtzeitiger Fertigstellung wohl kaum ein Verkehrsflugzeug geworden. Sechs BMW-Kolbenmotoren mit je 600 PS saßen im Flügelprofil und trieben Schubpropeller an. Schließlich war aber der Krieg vorüber, bevor die Ho VIII fertig wurde. Aber damit war ihre Geschichte noch nicht zu Ende. Nach dem Krieg arbeitete Reimar Horten in Argentinien mit an Planung und Bau des Transportfliegers I.A. 38, der auf der Ho VIII basierte, aber eine Spannweite von 32 m aufwies. Er verfügte über eine Gondel im Rumpf für sechs Tonnen Frachtgut und wurde von vier 450-PS-Kolbenmotoren I.A.16E1 Gaucho angetrieben. Der Jungfernflug fand am 9. Dezember 1960 statt, aber das Projekt wurde am Ende doch aufgegeben.

Gib niemals auf!
In den Vereinigten Staaten hatte Northrop sich an ähnlichen Konzepten versucht. So konnte im Jahr 1940 das Nurflügelflugzeug N-1M mit 11,6 m Spannweite als Technologieträger für ein vorgesehenes großes zweimotoriges Transportflugzeug erprobt werden. Bei den ersten Versuchen hatten die Flügel abgewinkelte Spitzen, die die Funktion konventioneller vertikaler Flächen übernehmen sollten.
Das Flugzeug war aber so stabil, dass man darauf verzichten konnte. N-1M legte schließlich über 200 Flüge zurück und war somit das bis dahin erfolgreichste motorisierte

LINKS: Seitenansicht des Bombers Beljajew DB-LK. Gut zu sehen sind die nach vorn gepfeilten Flügel und die zwei kleinen verglasten Gondeln mit den Türmen für die Heckschützen.
Über die russische Stiftung Luftfahrtforschung

UNTEN: Horten Ho IX V1 in der Erprobung als Gleiter
Sammlung Philip Jarrett

Oben: Technologieträger Northrop N-1M mit den originalen abgewinkelten Flügelspitzen und zwei Kolbenmotoren mit 65 PS (später 120 PS)

Links: Northrop N-9M. Drei der vier gebauten Flugzeuge hatten je zwei 275-PS-Menasco-Kolbenmotoren, das vierte hatte 300-PS-Franklin-Motoren.

Nurflügelflugzeug überhaupt.
Die militärischen Möglichkeiten dieser Konfiguration blieben natürlich auch nicht lange verborgen, und so wandte sich Northrop im September 1941 an die USAAF mit den Eckdaten zu einem mittleren Langstreckenbomber. Mit Unterstützung der Wright Field Engineering Division begann Northrop 1942 mit den detaillierten Planungen, aus denen die viermotorige XB-35 hervorging. Vor der Fertigstellung zweier Prototypen im Jahr 1943 baute die Firma zunächst eine Attrappe in voller Größe und vier verkleinerte zweimotorige Modelle mit 18,3 m Spannweite unter der Bezeichnung N-9M, um technische Daten zu sammeln und die Piloten an die Eigenschaften der Nurflügelflugzeuge zu gewöhnen. Die N-9M waren höchst erfolgreich und brachten es auf viele hundert Flugstunden.

Die eigentliche XB-35 wurde erst 1946 bei Northrop in Hawthorne komplettiert, dafür war sie zu ihrer Zeit der radikalste Bomber überhaupt. Mit einer Spannweite von 52,4 m und in einem Stück gebaut, bot sie dem Piloten ein von der Mittellinie abgesetztes Cockpit mit einer jägerartigen Kanzel. Die weiteren fünf Besatzungsmitglieder saßen hinter ihm in der tiefsten Stelle des Flügels. Ein siebtes Besatzungsmitglied saß in einer Feuerleitkuppel und bediente vier ferngesteuerte Türme mit je zwei Kanonen, die mittig über und unter den Flügeln saßen. Die Abwehrbewaffnung wurde ergänzt durch vier Waffentürme oberhalb und unterhalb der Mittellinie.

Bei einem Startgewicht von 94 800 kg bot die XB-35 eine Nutzlast von 33 110 kg. Die gegenläufigen Propeller wurden von vier 3000-PS-Kolbenmotoren Pratt & Whitney R-4360 Major mit Turboladern angetrieben. Der erste Prototyp machte seinen Jungfernflug am 25. Juni 1946 zu den Air-Force-Erprobungen in Muroc. Gefolgt wurde er von der zweiten XB-35 mit einfachen (nicht gegenläufigen) Propellern. Nach ausgiebigen Erprobungen wurden acht Entwicklungsmodelle YB-35 und fünf YB-35A geordert. Dieser Erfolg führte zu einer weiteren Bestellung von 200 Serienmodellen B-35 A, die aber vor dem Bau der Flugzeuge schon wieder storniert wurde.

Unterdessen hatte man sich entschieden, zwei YB-35 unter der Bezeichnung YB-49 zu Düsenbombern umzubauen, jeweils mit acht in zwei Gruppen angeordneten Turbostrahltriebwerken vom Typ Allison J-35-A-5 mit 1814 kp Standschub. Auf jeder Seite der Triebwerksgruppen waren Rücken- und Bauchflossen angeordnet und die Waffenkuppeln verschwanden. Mit den Strahltriebwerken erhöhte sich die Geschwindigkeit auf 837 km/h. Eine dritte YB-35 wurde zum Aufklärer/Bomber YRB-49 umgebaut und absolvierte am 4. Mai 1950 ihren Jungfernflug. Die vier Turbostrahltriebwerke J-35-A-21 mit je 2540 kp Standschub saßen in den Hinterkanten der Flügel und in Gondeln unter den Flügeln. Es wurden dreißig Serienmodelle RB-49 bestellt, aber auch diese Bestellung wurde wieder storniert.

Wir kehren zurück in das Jahr 1944: In diesem Jahr hatte Northrop eine Aerojet-Rakete XCAL-200 in seinen Nurflügelgleiter MX-324 eingebaut. Mit seinem Jungfernflug am 5. Juli wurde daraus das erste militärische US-Raketenflugzeug. Dieses Experiment unterlag so strenger Geheimhaltung, dass es bis 1947 nur in Militärkreisen bekannt war. Aus diesem Projekt entstand die XP-97B, ein Jäger mit 11,58 m Spannweite und zwei Turbostrahltriebwerken vom Typ Westinghouse 19B(J30). Sie verfügten über jeweils 520 kp Standschub und brachten das Flugzeug auf 820 km/h. Es verfügte zwar über vier 12,7-mm-MGs, aber der aus verschweißten Magnesiumblechen gebaute Flügel war so stark, dass man damit ohne weiteres das Heck feindlicher Bomber rammen oder aufschlitzen konnte; daher auch der inoffizielle Spitzname „Flying Ram". Der Pilot lag in dem großzügig verglasten Cockpit. Diese Anordnung sollte nicht nur das Flügelprofil schlank halten, sondern ihn auch besser vor den Auswirkungen der Luftkämpfe schützen. Einlässe an den Flügelspitzen sorgten für Luft für die balgenbetriebenen gespreizten horizontalen Steuerflächen. Die erste und einzige XP-79B hatte allerdings nur ein kurzes Leben, denn schon bei ihrem ersten Flug am 12. September 1945 stürzte sie nach fünfzehn Minuten ab.

Interessanterweise hatte Northrop wie auch Horten mit der Ho VIII eine zivile Variante des Bombers als Verkehrsflugzeug geplant. Diese Version der B-49 bot neben 48 Sitzen auf dem Hauptdeck weitere Einrichtungen. Auf dem Oberdeck, wo vorher die Feuerleitkuppel gewesen war, gab es nun einen Salon.

Für Northrop war es ein Schock, als die Bestellungen für die großen Nurflügelflugzeuge storniert wurden, besonders da die YB-49 bei einer Geschwindigkeit von 614 km/h eine Reichweite von über 5550 km hatte und bei 822 km/h immerhin noch 3633 km. Die Firma gab jedoch den Glauben an das Nurflügelflugzeug nie auf. Als 1978 bekanntgegeben wurde, dass die USAF einen neuen Bomber für strategische Angriffsoperationen entwickeln wollte, legte man erneut eine radikale Nurflügelkonstruktion vor.

Dieser Bomber, der schließlich als Northrop Grumman B-2 Spirit gebaut werden sollte, war von Anfang an als „Stealth" für getarnte Operationen (d. h. mit gedämpfter Signatur) vorgesehen, sodass er nur unter größten Schwierigkeiten entdeckt werden konnte. So sind die innere Wabenstruktur, die Materialien der Außenhaut und die Oberflächen so ausgelegt, dass sie Radarstrahlen absorbieren und nicht reflektieren. Die benutzten Verbundmaterialien reduzieren wiederum die Infrarotsignatur auf ein Minimum. Die verräterischen Kondensstreifen in der Luft werden durch Steuerung der Abgastemperatur reduziert, während die speziellen Avioniksysteme über ein Radar mit geringer Auffangwahrscheinlichkeit verfügen. Beim Angriff werden die Sender völlig abgeschaltet. Um sicherzustellen, dass die Flugzeugzelle aerodynamisch sauber und damit sparsam und schlecht aufzuklären ist, sind alle Waffen innen angeordnet (bis zu 18 415 kg in zwei Schächten mitten im Rumpf; die Waffen sitzen in Gestellen oder in drehbaren Startgeräten).

Ebenso gibt es keinerlei vertikale Stabilisierungs- oder Steuerflächen. Die gezackte Hinterkante des Flügels

hat eine Reihe von horizontalen Elevons und gespreizten Flächen, die die Arbeit von Querrudern, Höhenrudern, Klappen, Rudern und Luftbremsen übernehmen.
Die ersten sechs Flugzeugprototypen B-2 flogen am 17. Juli 1989 zu ihrer Auslieferung in die Edwards Air Force Base (vorher Muroc). Zunächst war man davon ausgegangen, dass die US Air Force 133 einsatzbereite B-2A erhalten würde; aufgrund von Sparmaßnahmen wurden es nur noch 20, von denen 16 vom 393. und 715. Squadron des 509. Bomber Wing auf der Whiteman Air Force Base betrieben werden. 1997 waren sie schließlich einsatzbereit. Im Jahr 1996 wurde entschieden, den ersten B-2-Prototypen zur Einsatzbereitschaft aufzurüsten, um dann 21 Flugzeuge zur Verfügung zu haben. Die B-2A hat bei einer Spannweite von 52,4 m ein Startgewicht von 152 630 kg und kann bei einer Geschwindigkeit von Mach 0,8 und einer Bombenladung von 14 515 kg eine Reichweite von bis zu 11 100 km erreichen. Durch Luftbetankung lässt sie sich sogar auf 18 500 km erhöhen.

Die Stealth-Technologie ist an sich nicht neu. Erprobt wurde sie bereits in den 60er Jahren in den geheimen „Skunk Works" von Lockheed an einsatzbereiten Flugzeugen der US Air Force. Sie wurde angewandt bei der Konstruktion des Mach 3 schnellen strategischen Aufklärungsflugzeugs SR-71 (und bei seinem Gegenstück, dem Abfangjäger YF-12, der allerdings ein Prototyp blieb).

Linke Seite: Innerer Aufbau der Northrop B-35. Auffällig die gegenläufigen Propeller und die Waffenkuppeln.

Oben: Düsenjäger Northrop XP-79 „Flying Ram"

Unten: Nurflügelbomber Northrop YB-49

Oben: Die zwei Plätze im Flugdeck der Northrop B-2A Spirit. Notfalls kann eine dritte Person untergebracht werden.

Rechts oben: Nurflügelbomber Northrop Grumman B-2A Spirit

Rechts: Prototyp des Mach 3 schnellen Abfangjägers Lockheed YF-12A

Die Entwicklung stammt aus dem Jahr 1964 und wurde später im Technologieträger XST Have Blue gezeigt, aus dem Lockheed den Tarnkappenjäger F-117 A Nighthawk entwickelte. Die US Air Force übernahm am 23. August 1982 59 F-117 A und verfügte so über die ersten einsatzfähigen Flugzeuge der Welt mit Stealth-Technologie, d. h. mit geringster Signatur. Ursprünglich dafür gedacht, nachts in dichte feindliche Umgebungen einzudringen und wichtige Ziele mit äußerster Präzision zu vernichten, wurde die F-117 A so konstruiert, dass sie sieben wichtige Signaturen ausschaltete: Radar, Infrarot, Sicht, Kondensstreifen, Abgase sowie akustische und elektromagnetische Ausstrahlungen. Damit war sie praktisch „unsichtbar" und nicht zu entdecken.
Am auffälligsten ist der facettierte Rumpf, der fast einem Auftriebskörper ähnelt (siehe weiter unten) und aus vielen leicht abgewinkelten Platten besteht, die ankommende Radarstrahlen von ihrer Quelle ablenken sollen. Unterstützt werden sie von radarabsorbierenden Kanten und Oberflächen. Die Möglichkeiten der Infrarot-Aufklärung werden eingeschränkt durch den Verzicht auf Nachbrenner, Kühlung der Abgase, Lufteinlässe oberhalb der Flügel und schlitzartige, verkleidete Schubdüsen vom Typ „Platypus", die die Auflösung der Kondensstreifen beschleunigen. Im Jahr 1996 waren noch 53 F-117 A im Dienst der US Air Force.

Sieh an – keine Flügel!

Die gleichen beiden amerikanischen Hersteller, die sich mit mehr oder weniger Erfolg an den Programmen der Nurflügelbomber beteiligten, d. h. Northrop und Martin Marietta, arbeiteten in den 60er Jahren auch an Prototypen von „flügellosen" Auftriebskörpern. Damit wollten sie die NASA und die US Air Force bei der Prüfung des Konzepts zu einer Raumfähre unterstützen. Diese sollte Personal und Material zu Raumstationen in der Umlaufbahn bringen und anschließend wieder konventionell auf der Erde landen, um erneut eingesetzt zu werden.
Obwohl die einzelnen Flugzeuge von der NASA oder US Air Force entworfen und im Auftrag von ver-

U.S. AIR FORCE
06936
FX-936
USAF

schiedenen Herstellern gebaut wurden, gehörten sie alle zu einem gemeinsamen Programm.
Die winzigen Flugzeuge lieferten schließlich wichtige Daten zur Aerodynamik und anderen Forschungsgebieten, die für die Entwicklung des Space Shuttle Orbiter von entscheidender Bedeutung waren.
Die NASA tat sich mit Northrop zusammen, um zunächst den unbemannten hölzernen Gleiter M2-F1 für Versuchszwecke zu bauen. Diesem Modell folgte ein bemannter M2-F2 aus dem Ames Research Center. Der winzige M2-F2 hatte einen D-förmigen Querschnitt, Klappen an den oberen und unteren Flächen für die Längs- und Quersteuerung sowie weitere Klappen an den Flossen für die Giersteuerung. Der erste von 16 unmotorisierten Flügen fand am 12. Juli 1966 statt, nachdem das Flugzeug von der Tragfläche eines B-52-Bombers abgeworfen wurde. Es konnte einen gesteuerten Sinkflug machen und sicher landen.
Nach dem 14. Flug wurde ein Raketenmotor vom Typ Thiokol XLR 11 mit 3846 kp Standschub installiert, aber nicht sofort eingesetzt. Beim 16. unmotorisierten Flug jedoch überschlug sich die M2-F2 bei der Landung und wurde schwer beschädigt. Sie wurde als M2-F3 mit einer zusätzlichen mittleren Flosse neu aufgebaut und führte vom November 1970 bis 1972 diverse motorisierte Flüge durch.
Bereits vor den ersten Gleitflugversuchen der M2-F2 hatte Northrop der NASA einen zweiten Auftriebskörper unter der Bezeichnung HL-10 vorgestellt. Die Konstruktion sah etwas anders aus: Die flache Seite des D-Profils befand sich nun unten, so dass das Cockpit unter einer Verkleidung im Oberteil angeordnet werden konnte. Es gab von Anfang an eine mittlere Flosse mit Ruder, größer als die zusätzliche Flosse der M2-F3. Die HL-10 machte ihren

Lockheed F-117A Nighthawk, das erste einsatzfähige Flugzeug der Welt mit voller Nutzung der Stealth-Technologie

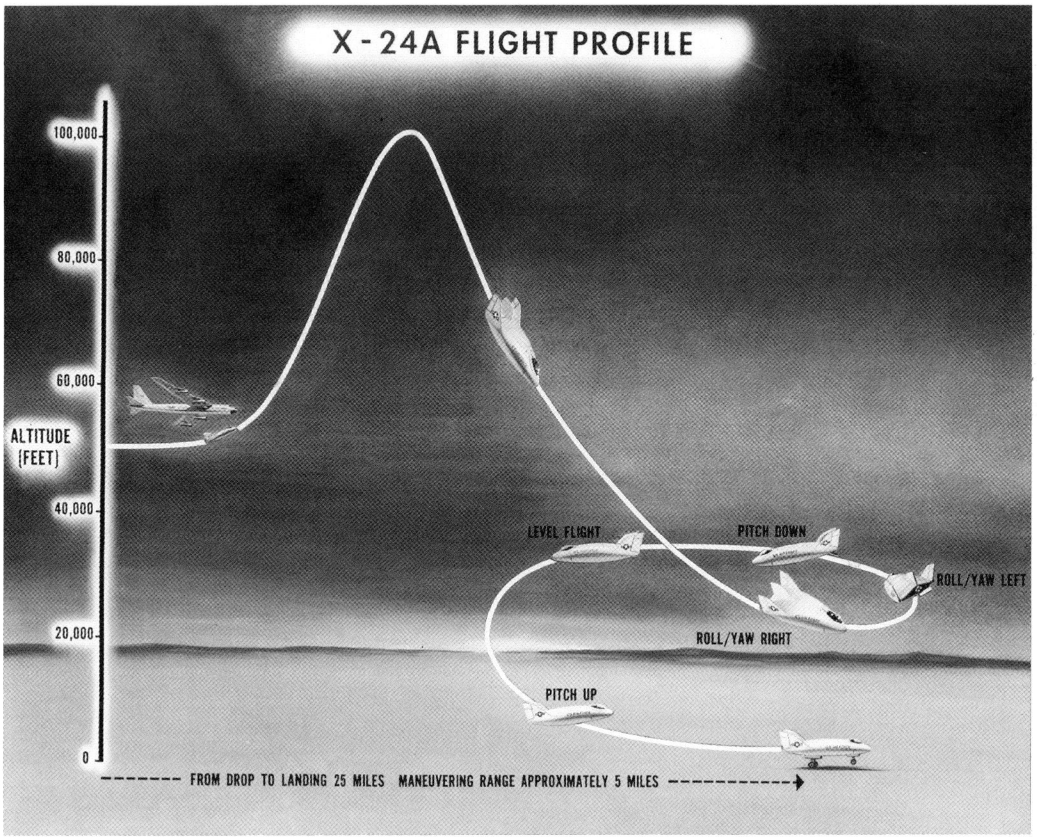

unmotorisierten Jungfernflug am 22. Dezember 1966 und hatte bis 1971 zwölf Flüge ohne und 25 mit Antrieb zurückgelegt. Dabei erreichte sie eine Gipfelhöhe von 27 525 m und eine Geschwindigkeit von Mach 1,861. Den Antrieb besorgte wiederum ein XLR 11, und auch den Start übernahm wieder eine B-52.

Nach diesen Flügen wurde das große Triebwerk durch drei Wasserstoffperoxyd-Raketen von Bell mit je 500 kp Standschub ersetzt, die einzeln gestartet werden konnten und so drei verschiedene Schubstärken ermöglichten. In dieser Form wurden mit dem HL-10 weitere Erprobungen durchgeführt, um festzustellen, ob eine künftige Raumfähre für die Landung einen zusätzlichen Antrieb benötigen würde.

Nachdem Martin Marietta 1959 unabhängig davon Untersuchungen zu Auftriebskörpern vorgenommen hatte, erteilte die US Air Force der Firma einen Auftrag zum Bau von vier unbemannten Überschallflugzeugen zum Wiedereintritt in die Erdatmosphäre mit 1,2 m Spannweite und 2,03 m Länge unter der Bezeichnung SV-5D, später X-23A, sowie eines langsameren bemannten Flugzeugs als SV-5P, später X-24A. Nur drei der X-23A wurden tatsächlich gestartet, und zwar von der Spitze einer Atlas-Interkontinentalrakete. Der erste Start fand am 21. Dezember 1966 statt. Während der drei Erprobungsflüge wurden eine Geschwindigkeit von über 26 550 km/h und eine Höhe von 152 400 m registriert. Dabei wurden auch Hitzeschilder und Manöver zum Wiedereintritt in die Erdatmosphäre erprobt.

Das bemannte X-24A war in vieler Hinsicht den Flugzeugen von

Linke Seite: Start zum Weltraumflug STS-7 mit der Raumfähre Challenger im Juni 1983. An Bord ist die erste US-Astronautin.

Oben: Flugzeuge mit Auftriebskörper: X-24A, M2-F3 und HL-10 (NASA)

Mitte: Flugprofil des X-24A

U.S. AIR FORCE
13551
U.S. AIR FORCE X-24B

Linke Seite oben: X-24B unter dem Flügel des „Mutterflugzeugs“ B-52

Linke Seite unten: Avro VZ-9V Avrocar. Die Stufen links führen zu einem der zwei Cockpits.
Sammlung Philip Jarrett

Unten: Entwurf von Lockheed Martin für eine wiederverwendbare aeroballistische Rakete mit Auftriebskörper
Lockheed Martin/Eric Watanabe

Northrop sehr ähnlich, verfügte aber über ein XLR 11 und zwei Bell-Raketentriebwerke. Der erste von neun Gleitflügen fand am 17. April 1969 statt, darauf folgten in den Jahren 1970 und 1971 neunzehn Probeflüge mit Antrieb, wobei im März 1971 Mach 1,6 erreicht wurden. Nach Abschluss der Erprobungsreihe wurde das X-24A zunächst eingelagert und später an Martin Marietta zurückgegeben, um daraus das völlig umkonstruierte X-24B zu bauen. Das X-24B absolvierte zwischen dem 1. August 1973 und dem 26. November 1975 36 Flüge mit und ohne Antrieb, darunter einen mit Mach 1,76.

Auch heute werden die flügellosen Auftriebskörper noch weiterentwickelt, wie die Aufnahme unten beweist. Es handelt sich um einen Entwurf von Lockheed Martin für eine wiederverwendbare aeroballistische Rakete mit einem Aerospike-Triebwerk mit linearem Standschub, das mit 500 000 kg Flüssigsauerstoff und Flüssigwasserstoff betrieben wird und zu relativ geringen Kosten eine zivile oder militärische Nutzlast von 18 145 kg in eine niedrige Umlaufbahn bringen kann. Normalerweise unbemannt, ist trotzdem davon auszugehen, dass das Fahrzeug eine konventionelle Landung ohne Antrieb durchführen kann.

Über die Jahrzehnte hat es weitere flügellose Flugzeuge gegeben, teilweise nicht einmal mit einem Ansatz von Flügeln. Drei davon verdienen besondere Beachtung. Am 5. Dezember 1959 machte das Avrocar von Avro Canada seinen ersten Fesselflug. Dieses Gerät wurde unter der militärischen Bezeichnung VZ-9Z für das US-Verteidigungsministeri-

um entwickelt. Es handelt sich um eine „fliegende Untertasse“ mit zwei Mann Besatzung für Senkrechtstart und -landung. Drei Turbostrahltriebwerke vom Typ Continental J69 trieben ein zentrales Laufrad an, das einen peripheren Luftschleier sowie ein Luftkissen am Boden erzeugte. Die aerodynamische Flugzeugzelle sollte für den Auftrieb während des Horizontalflugs sorgen. Das Konzept wurde ausgiebig erprobt, später aber dennoch aufgegeben.
In den Vereinigten Staaten erprobte Piasecki 1962 zwei Muster seines VZ-8 Aerial Geep. Damit sollte die US Army ein Fahrzeug erhalten, das zur Erzielung größerer Reichweite (dank angetriebener Räder) über Land fahren und dann für Aufklärungs-, Beobachtungs- und Verbindungszwecke senkrecht starten konnte. Es sollte zwar beim Einsatz nur in niedriger Höhe fliegen, konnte aber auch relativ große Höhen erreichen.
Der Antrieb erfolgte über zwei Wellenturbinen vom Typ Turbomeca Artouste mit je 530 WPS und zwei dreiblättrige Mantelrotoren, die sich gegenläufig drehten.
Bis heute hat Moller International in den Vereinigten Staaten diverse Luftfahrzeuge mit Hubgebläsetriebwerk entworfen und der Viersitzer M400 Skycar wird derzeit auf seine Eignung für den zivilen Markt geprüft. Angetrieben von acht höchst leistungsfähigen 160-PS-Wankelmotoren vom Typ Moller MR 530, die paarweise in vier Gondeln montiert sind (jeder Motor treibt ein Gebläse mit sieben Blättern an), wird der Senkrechtstart durch variable, computergesteuerte Hubschaufeln am Ende jeder Gondel ermöglicht, die den Schub umlenken. Auch hier soll die Flugzeugzelle beim Vorwärtsflug zum Auftrieb beitragen.
Die Kombination aus der Auftrieb erzeugenden Flugzeugzelle und der Fähigkeit zum Senkrechtstart ist der ideale Punkt, das Kapitel über „flügellose“ Flugzeuge abzuschließen und einen Überblick über andere ungewöhnliche Senkrechtstarter zu geben. Nach dem Krieg beschäftigten sich Konstrukteure in aller Welt mit dem Senkrechtstarter, weil sie sich sicher waren, dass er für viele militärische und zivile Zwecke unter bestimmten Umständen dem Hubschrauber überlegen war.

LINKS: Piasecki VZ-8 Aerial Geep

OBEN: Moller International M400 Skycar vor dem Einbau der Motoren

Kapitel 5
Triumph des Genies

Mit dem Frieden nach dem Ende des Zweiten Weltkriegs kam auch die ideologische Teilung Europas. Der Krieg gegen Deutschland und Japan hatte den Siegermächten ein enormes Zerstörungspotential beschert. Die Massenvernichtung dieser Waffen kam überhaupt nicht in Frage, wenigstens solange nicht, bis der Vorhang sich heben würde und die Spannungen zwischen Ost und West abgebaut werden konnten.
In diesem Krieg hatte es die ersten Einsätze von Düsenjägern und -bombern, Raketenflugzeugen, ballistischen und taktischen Flugkörpern, Hubschraubern, Atombomben und vielen anderen Waffensystemen gegeben. Es hatte sich zwar stets um relativ kleine Zahlen gehandelt, aber gegen diese neuen Technologien wirkte die große Masse konventioneller Geräte plötzlich total überholt. So mussten die Planer nach dem Krieg das notwendige Geld auftreiben, um ihre Streitkräfte von Grund auf zu modernisieren. Erbeutete Dokumente aus Deutschland und die mehr oder weniger freiwillige Emigration der besten deutschen Wissenschaftler brachten den beiden Blöcken genug Arbeit für die Forschung.
So kam es im Wettrennen zwischen Ost und West zu immer neuen Aufrüstungsspiralen und schließlich zu einem so furchterregenden Waffenarsenal auf beiden Seiten, dass der Frieden zwischen den Supermächten allein schon durch die Möglichkeit der gegenseitigen totalen Zerstörung sichergestellt war. Natürlich gab es trotzdem regelmäßig verbale Auseinandersetzungen und regionale Konflikte. Und nicht nur das Militär profitierte von den neuen Technologien, auch die zivile Luftfahrt konnte sie nutzen.

Die Schallmauer
Während des Krieges hatten die Piloten der schnellsten Jagdflugzeuge mit Kolbenmotoren und den herkömmlichen dicken Tragflächen bei schnellen Sturzflügen ein starkes Rütteln verspürt, das unter Umständen das ganze Flugzeug zerreißen konnte. Diese Fälle waren unter anderem für die britischen Hawker Tornado und Typhoon sowie für die amerikanische Republic P-47 Thunderbolt und die Lockheed P-38 Lightning verbürgt. Dieser Effekt ging auf die Luftströmung zurück, die über den dicken Tragflächen in einen schallnahen Geschwindigkeitsbereich kam. Zum Ende des Krieges erhielten deshalb Flugzeuge wie die deutsche Messerschmitt Me 262 dünne gepfeilte Flügel, um diesen Effekt hinauszuzögern. Als die Flugzeuge aber immer schneller wurden, musste das Problem gründlich erforscht werden, um bessere Lösungen zu finden.
In Großbritannien hatte Miles bereits 1943 mit den Arbeiten an einem Überschall-Forschungsflugzeug begonnen, offiziell als M-52 bezeichnet. Für den Antrieb sollte ein Turbostrahltriebwerk mit Nachbrenner sorgen (also kein Raketentriebwerk) und die Geschwindigkeit sollte bei einem Sturzflug aus 10975 m Höhe etwa 1600 km/h betragen. Die Tragflächen waren dünn und gerade und die Konstruktion war schon recht weit gediehen, als das Projekt 1946 storniert wurde.
Grund war die Reduzierung der Haushaltsmittel und die irrtümliche Annahme, dass ein Flugzeug für Überschallflüge über gepfeilte Flügel verfügen musste.
Ähnliche Arbeiten gab es in den Vereinigten Staaten schon Ende 1943 und Ende März 1945 erhielt Bell Aircraft einen Vertrag über den Bau dreier Forschungsflugzeuge unter der offiziellen Bezeichnung XS-1 (später kurz X-1). Dabei sollten Bell, die US Air Force und NACA zusammenarbeiten. Wie auch später bei der DFS 346 vorgesehen, hatte die XS-1 einen geschossförmigen Rumpf, allerdings mit geraden, 9 cm

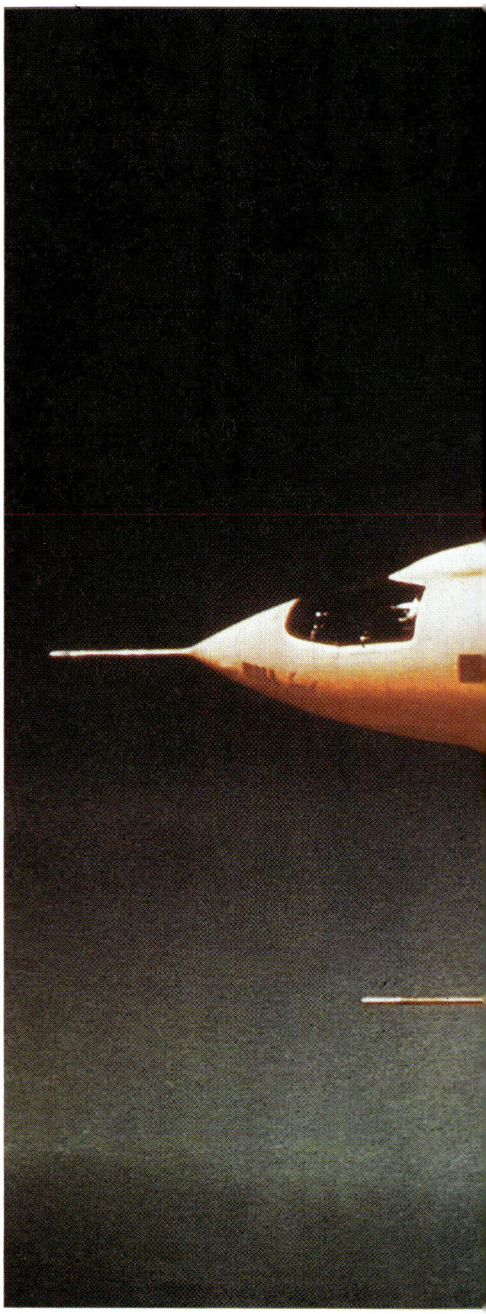

dünnen Trapezflächen, und die Flugzeugzelle konnte einer Belastung von 18 g standhalten. Der erste von drei Prototypen machte den ersten Gleitflug am 25. Januar 1946 und den ersten motorisierten Test beim 15. Flug am 9. Dezember des gleichen Jahres. Schließlich gelang es diesem Flugzeug beim 50. Flug (nachdem es unter einer B-29 gestartet war), eine Geschwindigkeit von Mach 1,06 bei einer Höhe von 12 800 m zu erreichen und damit den ersten anerkannten Überschallflug zu machen. Die geraden Flügel erwiesen sich als ideal für diese Aufgabe, obwohl bei der XS-1 der weniger praktische Raketenmotor XLR 11 zum Einsatz kam. Die X-1 machte bis zum Oktober 1951 insgesamt 157 Flüge und erreichte Geschwindigkeiten bis zu Mach 1,45. Eine zweite Generation der X-1 (ebenfalls mit geraden Tragflächen) folgte 1951 und wurde bis 1958 erprobt. Am 12. Dezember 1953 erreichte sie, wiederum mit Chuck Yeager im Cockpit, Mach 2,435.

Inzwischen hatte Douglas die X-3 Stiletto erprobt, die auf Geschwindigkeiten bis zu Mach 3 ausgelegt war. Sie war gebaut worden, um die Leistungsfähigkeit von Turbostrahltriebwerken und kurzem Doppelkeiltragwerk zu untersuchen und Daten über die thermodynamische Aufheizung bei großen Höhen und Geschwindigkeiten zu liefern. Sie kam jedoch nie über Mach 0,95 hinaus. Das erste Flugzeug, das schließlich Mach 3 (genau Mach 3,196) erreichte, war am 27. September 1956 die Bell X-2 mit zurückgepfeilten Flügeln. Der Flug endete jedoch in einer Tragödie.

Echte Höchstgeschwindigkeiten lieferte das Programm X-15 von North American. Es umfasste drei einsitzige raketengetriebene Flugzeuge (zunächst mit zwei XLR 11 und später mit einem XLR 99 mit 25 855 kp

LINKS: Die erste Bell XS-1/X-1 46-062, die den ersten Überschallflug der Welt schaffte

OBEN: Bell XS-1/X-1 46-062 Glamorous Glennis mit Chuck Yeager im engen Cockpit am Steuer

SEITE 84-85: Douglas X-3 Stiletto. Das Konzept hatte einen großen Einfluss auf die Konstruktion des Lockheed F-104 Starfighter.

SEITE 85 OBEN: Die erste North American XB-70A Valkyrie mit angelegten Flügelspitzen

SEITE 85 UNTEN: North American X-15, das schnellste Flugzeug der Welt. Hier die Version X-15A-2 mit Außentanks.

Standschub) zur Untersuchung von Steuerung, Stabilität und Aufheizung bei Flügen innerhalb und außerhalb der Atmosphäre, in erster Linie bei extrem großen Höhen und Geschwindigkeiten. Nach dem Start von einer B-52 flogen die X-15 tatsächlich so hoch, dass die Piloten mit Fug und Recht als Astronauten bezeichnet werden konnten! Innerhalb des gesamten Programms wurden zwischen dem 8. Juni 1959 (noch ohne Antrieb) und dem 24. Oktober 1968 199 Flüge durchgeführt, wobei am 3. Oktober 1967 unfassbare Mach 6,72 registriert wurden. Am 22. August 1963 war bereits eine Höhe von 107 960 m erreicht worden.

Mit dieser nachgewiesenen Fähigkeit, Flugzeuge mit mehrfacher Schallgeschwindigkeit zu bauen, war North American erste Wahl, als es darum ging, einen neuen strategischen Bomber für die US Air Force als Nachfolger der B-52 zu bauen. Dieser Bomber sollte den gesamten Einsatz mit der spektakulären Geschwindigkeit von Mach 3 fliegen. Leider hatte die Firma das Pech, dass aufgrund von Änderungen der strategischen Planung und Kürzungen im Verteidigungshaushalt die XB-70A Valkyrie als Bomber nicht mehr gefragt war. Es blieb bei zwei Prototypen für aerodynamische Erprobungen. Die riesigen Deltaflügel mit den hydraulisch schwenkbaren Flügelspitzen und zwölf Elevons (kombinierte Höhen- und Querruder) an der Hinterkante hatten eine Spannweite von 32 m, während das gesamte Flugzeug 59,7 m lang war. Den Antrieb übernahmen sechs Turbostrahltriebwerke vom Typ General Electric YJ93-GE-3 mit je 14 060 kp Standschub. Die erste Valkyrie absolvierte ihren Jungfernflug am 21. September 1964 und erreichte am 14. Oktober 1965 Mach 3. Das zweite Flugzeug ging im darauf folgenden Jahr bei einem Zusammenstoß mit einem Verfolgungsflugzeug verloren. Die überlebende Valkyrie wurde danach bis 1969 bei der NASA zu Forschungsarbeiten an einem Überschalltransporter eingesetzt.

Nach dem Krieg begann in der Sowjetunion im Oktober 1946 bei Podberesje die Entwicklung von Überschallflugzeugen. Dort halfen deutsche Ingenieure bei der Weiterentwicklung des im Krieg begonnenen Pfeilflüglers DFS 346. Daraus wurden sowohl unmotorisierte Gleiter als auch Flugzeuge mit Raketenantrieb entwickelt (mit zwei Walter 109-509 mit je 2000 kp Standschub). Die Starts erfolgten von einer erbeuteten B-29 oder ähnlichen sowjetischen Bombern vom Typ Tu-4. Es wird behauptet, dass eine DFS 346 im Mai 1947 1100 km/h erreicht haben soll. Es ist aber zweifelhaft,

ob die entsprechende Höhe gehalten werden konnte, um daraus einen Überschallflug zu machen.

Hubschrauber aller Art

Für manche ist es eine Überraschung, dass Düsenflugzeuge und Hubschrauber bereits im Zweiten Weltkrieg eingesetzt wurden. Die US-Streitkräfte haben aber bereits 1944 eine geringe Zahl von Hubschraubern Sikorsky R-4 eingesetzt. Diese ersten für den militärischen Einsatz konstruierten und in Serienproduktion gebauten Hubschrauber verfügten über einen einzigen Hauptrotor. Deutschland versuchte unterdessen, im Kampf gegen die Bombenangriffe der Alliierten wenigstens eine Handvoll der zweirotorigen Transporthubschrauber Focke-Achgelis Fa 266 Hornisse einsatzbereit zu bekommen. Schließlich war dieser Hubschrauber zunächst für die zivile Luftfahrt

gedacht gewesen. Der erste erfolgreiche Hubschrauber mit Tandemrotor, der in die Serienproduktion ging, war der Piasecki PV-3. Er absolvierte seinen Jungfernflug im März 1945 und wurde von 1947 an bei US Navy und US Marine Corps unter dem Spitznamen „Flying Banana" eingeführt.
Noch merkwürdiger wirkte der Hughes XH-17, ein Experimentalhubschrauber mit Pressluftdüsen, der mit Unterstützung der US Air Force für Schwerlastarbeiten entwickelt wurde. Er machte seinen Jungfernflug am 23. Oktober 1952 und verfügte über den größten Rotor (39,6 m), der je an einen motorgetriebenen Hubschrauber angebaut wurde. Zwei Turbostrahltriebwerke vom Typ General Electric GE 5500 lieferten den Gasdruck, der über Kanäle geleitet wurde und aus den Rotor-

LINKE SEITE OBEN: *Künstlerische Darstellung verschiedener Methoden aus der Forschung zu Kurz- und Senkrechtstartern in den 50er und 60er Jahren. Sie wurden tatsächlich in Experimentalflugzeugen erprobt.*

LINKE SEITE UNTEN: *Hubschrauber Hughes XH-17 mit Pressluftdüsen*

RECHTS: *Auf den heutigen Betrachter recht merkwürdig wirkt die „Fliegende Banane" Piasecki HRP-1. Es handelte sich aber um einen höchst erfolgreichen Hubschrauber, der hier bei einer Demonstration einer Massenrettung zu sehen ist.*

UNTEN: *Lockheed AH-56A Cheyenne, geplant als moderner Kampfhubschrauber mit Schubpropeller*

Wendigkeit zu untersuchen. Interessanterweise wäre bereits vor 30 Jahren bereits ein Kampfhubschrauber mit Druckpropeller am Heck in die Serienproduktion gegangen.
Es handelte sich um den Lockheed AH-56A Cheyenne, von dem die US Army 1968 375 Stück bestellte. Leider wurde die Bestellung im folgenden Jahr storniert. Beim Cheyenne wurde die Wellenturbine General Electric T64-GE-16 mit 3435 WPS zum Antrieb des Hauptrotors, des Heckrotors und des Schubpropellers benutzt. In dieser Konfiguration schaffte der Cheyenne 407 km/h.

Flugzeuge aller Art
Man ist sich schon seit langem darüber im klaren, dass ein Luftfahrzeug, das sowohl die Vorteile eines Hubschraubers als auch die eines Transportflugzeugs bietet, für zivile wie

spitzen entwich. So wurde der riesige Rotor ohne konventionelles Getriebe angetrieben.
1956 wurde die Piasecki Helicopter Corporation in Vertol umbenannt und erhielt ein neues Management. Im Jahr zuvor hatte Frank Piasecki die Piasecki Aircraft Corporation gegründet. Diese Firma arbeitet derzeit im Auftrag der US Army an der Entwicklung eines Demonstrationsmodells mit Schubvektorsteuerung (VTCAD), um den Nutzen eines hinten am Rumpf eines Kampfhubschraubers Apache oder SuperCobra montierten Druckpropellers mit Schubvektorsteuerung in Bezug auf Beschleunigung/Bremsung und

auch für militärische Einsätze von höchstem Nutzen wäre. Bis vor kurzem sind die vielen Versuche, solch ein Luftfahrzeug zu bauen, nicht über die ersten Erprobungsflüge von Prototypen hinausgekommen. Damit soll nicht gesagt werden, dass sie nicht erfolgreich waren. Ganz im Gegenteil: Einige dieser

Linke Seite oben: Die Fairey Rotodyne war ein erfolgreiches Verwandlungsflugzeug. Die Pressluftdüsen allerdings hätten einen besseren Lärmschutz gebraucht.

Linke Seite unten: Fairchild VZ-5FA bei einem gefesselten Senkrechtstart

Oben: Breguet 940 Integral. Die Doppelspaltklappen sind nach unten gestellt.

Rechts: Dornier Do 29 mit nach unten gekippten Triebwerken und Propellern

Verwandlungsflugzeuge waren so weit ausgereift, dass sie in die Produktion hätten gehen können.
Kurz gesagt, liegen die Nachteile des Hubschraubers in der geringen Reichweite und der mäßigen Geschwindigkeit, während ein konventionelles Flugzeug nicht senkrecht starten und landen und auch nicht schweben kann. Wenn es allerdings möglich wäre, ein Transportflugzeug so zu bauen, dass es senkrecht starten und genügend Geschwindigkeit erreichen kann, damit die großen Tragflächen den größten Teil oder sogar den gesamten Auftrieb für den Horizontalflug erzeugen, wären auch hohe Geschwindigkeiten und große Reichweiten möglich.
Das erste große Transportflugzeug für Senkrechtstart und -landung war die britische Fairey Rotodyne, die ihren Jungfernflug am 6. November 1957 absolvierte.
In der Form als Prototyp Rotodyne Y hatte sie den Rumpf eines Trans-

portflugzeugs zur Unterbringung von zwei Mann Besatzung und 40 Passagieren und feste Tragflächen von 14,17 m Spannweite. Daran befestigt waren zwei Turboprop-Triebwerke vom Typ Napier Eland NEL3 mit 3000 WPS sowie ein Rotor mit 27,4 m Durchmesser mit Pressluftdüsen an den Blattspitzen. Die Triebwerke trieben nicht nur die Hauptpropeller an, sondern waren auch mit Kompressoren verbunden, um die Luft für die Pressluftdüsen der Rotoren zu liefern (der Kraftstoff beigemischt wurde, um den Schub zur Drehung des Rotors zu erzeugen). Die Rotodyne konnte zwar auch als konventioneller Hubschrauber geflogen werden, sollte aber eigentlich den Rotor (wenn angetrieben) dazu benutzen, vertikal aufzusteigen und die anfängliche Geschwindigkeit in horizontaler Richtung aufzubauen. Danach rotierte er von selbst und trug so noch

LINKE SEITE OBEN: Erprobungsträger zur Schubmessung von Rolls-Royce mit dem Spitznamen „Flying Bedstead". Erstmals im August 1954 geflogen, sollte es bei der Entwicklung von Senkrechtstartern helfen. Die Strahlrohre der zwei Nene-Triebwerke sind um 90° nach unten gerichtet, um vertikalen Schub zu erzeugen.

LINKE SEITE UNTEN: Dorniers zweiter Erprobungsträger für die Dornier Do31, die „Big Rig"

OBEN: Zweites Erprobungsmodell der Dornier Do 31E3 im Senkrechtflug. Die Klappen der Hubstrahltriebwerke sind geöffnet.

etwas zum Auftrieb bei. Der Großteil des Auftriebs und der Schub nach vorn wurden dann von den Tragflächen und Propellern erzeugt.
Der erste Übergang vom Vertikal- zum Horizontalflug fand am 10. April 1958 statt. Trotz des großen Interesses an einer Serienfertigung ließ die britische Regierung das Programm im Jahr 1962 auslaufen.
Die Ablenkung des Propellerstrahls schien eine ebenso sinnvolle Methode für den Kurzstart oder den Vertikalflug zu sein. Als Fairchild in den 50er Jahren mit Unterstützung der US Army diese Methode bei der VZ-5FA ausprobierte, ergab sich eine höchst merkwürdige Konstruktion. Eine Wellenturbine General Electric YT58-GE-2 mit 1024 WPS war im Rumpf installiert und trieb vier Propeller an. Die großen Flügelklappen waren nach unten verlängert, um den Strahl des Propellers für den Senkrechtstart nach unten abzulenken. Dabei ruhte das Flugzeug auf einer Kufe am Heck und der Bug zeigte etwa 45° nach oben. Die einzige je gebaute VZ-5FA machte am 18. November 1959 ihren ersten Fesselflug. Kurzstart und -landung (kein Senkrechtstart) mit Hilfe des abgelenkten Propellerstrahls gelangen der französischen Breguet 940 Integral bei ihrem Jungfernflug am 21. Mai 1958 mit Erfolg.
Der Strahl der vier Turbomeca-Turmo-Wellenturbinen mit den dreiblättrigen Propellern wurde über die gesamten Tragflächen und die Doppelspaltklappen geblasen. Die französische Armée de l'Air übernahm Ende der 60er Jahre vier Exemplare des Vorserienmodells 941 S.
In Deutschland baute Dornier die Do 29, um die Möglichkeiten kippbarer Propeller für den Kurz- oder sogar Senkrechtstart zu erproben. Jeder der zwei 270-PS-Kolbenmotoren

Lycoming GO-480-B1A6 konnte mitsamt Propeller um bis zu 90° nach unten gekippt werden. Die Erprobung der Do 29 begann Ende 1958. Rolls-Royce in England, Dornier in Deutschland und andere stellten fest, dass der Bau offener Erprobungsträger für den Schwebeflug ein Schritt in die richtige Richtung war, um die Probleme im Zusammenhang mit den Flugeigenschaften, der Stabilität und der Steuerung von Senkrechtstartern zu erfassen. Dornier baute zunächst einen völlig offenen Erprobungsträger und später ein zweites Gerät, das schon in die Richtung des Experimental-Senkrechtstarters Do 31E wies.
Die Do 31E selbst bot in einem typischen Transportflugzeugrumpf Platz für die Besatzungsmitglieder und 34 Soldaten, 20 Tragen oder Frachtgut. Sie sollte aber nicht nur Transportkapazität bieten, sondern auch Senkrechtstarter-Kampfflugzeuge im Feld unterstützen. An den Tragflächen saßen zwei Rolls-Royce-Pegasus-5-2-Mantelstromtriebwerke mit je 7030 kp Standschub. Jede Flügelspitze verfügte zusätzlich über eine abnehmbare Gondel mit zwei Hubstrahltriebwerken RB 162-4D zu je 1995 kp Standschub. Zwei fliegende Do 31E wurden gebaut. Der erste Start gelang am 10. Februar 1967 und der erste Übergang vom Vertikal- zum Horizontalflug am 16. Dezember des gleichen Jahres.
Bis 1970 fanden Hunderte von Erprobungsflügen statt, aber die geplanten zivilen und militärischen Serienmodelle konnten nie realisiert werden.

Kippversuche

Ebenfalls in Deutschland entwickelte EWR die VJ 101C als einsitzigen Experimental-Senkrechtstarter. Er sollte Daten für den Bau eines Mach 2 schnellen Senkrechtstart-Jägers

OBEN: EWR VJ 101C X1 im Horizontalflug. Die Gondeln an den Flügelspitzen sind völlig horizontal ausgerichtet.

RECHTS: Vertol Modell 76. Das kleine, preisgünstige Forschungsflugzeug mit Kippflügeln wurde unter der militärischen Bezeichnung VZ-2A und mit Unterstützung von US Army und US Navy entwickelt. Der Jungfernflug fand am 13. August 1957 statt. Später sollte die Erprobung mit größeren Flugzeugen fortgesetzt werden.

liefern. Es wurden zwei VJ 101C gebaut. Die erste hatte zwei Rolls-Royce-Turbostrahltriebwerke RB 145 mit je 1247 kp Standschub in jeder der zwei kippbaren Gondeln an den Flügelspitzen. Zwei weitere Triebwerke im Rumpf waren vertikal angeordnet und sollten nur als Hubstrahltriebwerke für Senkrechtstarts und zum Übergang zum Horizontalflug dienen (insgesamt sechs Triebwerke). Das zweite Flugzeug hatte Triebwerke mit Nachbrennern in den Gondeln. Die VJ 101C X1 machte ihren ersten freien Schwebeflug am 10. April 1963, den ersten konventionellen Start am 31. August und den ersten Übergang zum Horizontalflug am 20. September. Beim Übergang vom Horizontal- zum Vertikalflug blieben die Gondeln bis zu 305 km/h in horizontaler Stellung und wurden dann um 45° gekippt. Unter 92 km/h wurden sie voll abgekippt, damit das Flugzeug langsam herunterschweben konnte. Auch hier kam es nicht zu einer Serienproduktion, obwohl die erste X1 bereits Überschallgeschwindigkeit (Mach 1,08) erreichte.

Die Aussicht auf ein militärisches Verwandlungsflugzeug für Kurz- und Senkrechtstart und -landung war in den 50er und 60er Jahren so verlockend, dass zur Erprobung viele Forschungsflugzeuge gebaut wurden. Bei den meisten wurden die Propeller in irgendeiner Form gekippt. Bis jetzt hat noch kein Flugzeug den Sprung in den zivilen oder militärischen Dienst geschafft, obwohl die moderne Osprey beste Aussichten hat, von den US-Streitkräften beschafft zu werden.

Die Fairchild X-18 von 1959, die LTV/Hiller/Ryan XC-142A von 1964 und die Canadair CL-84 von 1965 waren allesamt Transportflugzeuge, die mit kippbaren Flügeln arbeiteten (die Propeller wurden dabei mit abgekippt). Alle folgten dem Muster des kleinen Forschungsflugzeugs Boeing Vertol VZ-2A. Die X-18 war nur für die Forschung gedacht und sollte nie zum Serienmodell weiterentwickelt werden.

Sie basierte auf einem umgebauten Transportflugzeug Chase YC-122 mit zwei Allison-T40-Turboprop-Triebwerken und gegenläufigen Propellern von Curtiss-Wright, die aus einem von der US Navy aufgegebenen Programm eines Heckstarters stammten. Der eigentliche Wert der X-18 lag im Beitrag zur Entwicklung der späteren XC-142A.

Die XC-142A wurde unter der Leitung der US Air Force von drei Herstellern gemeinsam entwickelt, um ein Serienflugzeug für die US-Streitkräfte zu bauen. Dieses Flugzeug sollte den Transport von Truppen oder Material von Landstützpunkten oder Schiffen in unvorbereitete vorgeschobene Stellungen bei jedem Wetter ermöglichen. Die Tragflächen, bestückt mit vier Turboprop-Triebwerken mit je 2850 WPS,

CAF
402
FORCES ARMEES CANADIENNES
401

konnten um 100° geschwenkt werden, um einen kontrollierten Horizontal- und Vertikalflug zu ermöglichen. Die Unterbringungsmöglichkeiten entsprachen in etwa denen der Do 31.

Es wurden fünf fliegende Prototypen gebaut und die Erprobungen begannen am 29. September 1964 mit konventionellen Starts. Ein Schwebeflug glückte am 29. Dezember und am 11. Januar 1965 gelang der Übergang vom Vertikal- zum Horizontalflug. Die Erprobungen verliefen äußerst erfolgreich und schienen dem Flugzeug eine glänzende Zukunft zu sichern. Im Mai 1966 fanden Erprobungen an Bord der USS Bennington statt und es zeigte sich, dass das Flugzeug auch von Schiffen aus operieren konnte. Die US Air Force hatte sich inzwischen schon nach Einzelheiten für die Serienversion erkundigt, aber die finanzielle Unterstützung blieb letztendlich aus.

Eines der kleinsten Flugzeuge mit kippbarem Tragwerk, das in die Produktion gehen sollte, war die kanadische Canadair CL-84. Gedacht war die Weiterentwicklung zum bewaffneten Nahunterstützungs- und Transportflugzeug für bis zu 16 Mann. Zwei Lycoming-T53-Wellenturbinen mit 1400 PS saßen an den Tragflächen, die wiederum um 100° geschwenkt werden konnten. Es wurde eine Geschwindigkeit von über 515 km/h erwartet. Nach dem ersten Schwebeflug am 7. Mai 1965 legte der einzige Prototyp in 305 Tagen insgesamt 405 Flugstunden zurück. Es folgten drei weiterentwickelte Modelle als CL-84-1 (Jungfernflug 1970) und weitere Modelle sollten noch gebaut werden. Aber auch hier kam es nicht zu einer Serienproduktion.

Anstelle der schwenkbaren Flügel setzte Bell bei seiner X-22A auf kippbare Mantelstrompropeller. Es handelte sich um ein Forschungsflugzeug für drei US-Teilstreitkräfte unter Federführung der US Navy. Vier Wellenturbinen General Electric YT58-GE-8D mit je 1250 WPS an der Vorderkante des hinteren Tragwerks trieben dreiblättrige Mantelstrompropeller an den Flügelspitzen und am vorderen Rumpf an. Jeder dieser Propeller konnte je nach Betriebsart um 95° gekippt werden und verfügte über ein kombiniertes Höhen- und Querruder im Propellernachstrom. Nach dem Jungfernflug am 17. März 1966 machten die zwei Prototypen bis 1984 Hunderte von Flügen, darunter Vertikal- und Horizontalflüge, Kurzstarts und Übergangsoperationen.

Inzwischen hatte am 23. August 1955 die viersitzige Bell XV-3 ihren Jungfernflug absolviert. Dieses Experimental-Verwandlungsflugzeug verfügte über einen 450-PS-Kolbenmotor Pratt & Whitney R-985, der zwei 10 m große Kipprotoren an jeder Flügelspitze antrieb. Die Flügel selbst hatten eine Spannweite von 9,4 m. Die kippbaren Proprotoren fungierten nicht nur als Rotoren, sondern auch als Propeller, je nachdem ob sie waagerecht für den Vertikalflug oder senkrecht für den Horizontalflug mit hoher Geschwindigkeit gestellt waren. Der Kippvorgang dauerte lediglich 10-15 Sekunden. Natürlich konnte bei dem Durchmesser der Proprotoren nur gelandet werden, wenn sie wie bei einem Hubschrauber horizontal oder zumindest fast horizontal standen. Die Höchstgeschwindigkeit lag bei 291 km/h.

Zwei XV-3 wurden gebaut und machten über 250 Flüge als erste Starrflügler der Welt mit voll kippbaren Rotoren. Zwei Jahrzehnte später ließ Bell dieses Konzept erneut aufleben, nun aber in der völlig anders aufgebauten XV-15. Sie absolvierte ihren Jungfernflug am 3. Mai 1977 und diente in erster Linie der Bewertung der Flugeigenschaften und der Einsatzmöglichkeiten eines solchen Flugzeugs.

Dann endlich im Jahr 1989 erschien das Konzept in seiner wohl brauchbarsten Form: Bell und Boeing entwickelten zusammen die V-22

Canadair CL-84-1 mit abgekippten Tragflächen. Auffällig die Höhenflosse, die den Bewegungen der Tragflächen folgte, außer beim Vertikalflug.

1521
TRI-SERVICE
X-22A

Osprey, die am 19. März ihren ersten Flug machte. Mit zwei Wellenturbinen und größeren Kipprotoren als bei der XV-15 war sie das erste Verwandlungsflugzeug, das tatsächlich in die Serienproduktion gehen sollte. Vom Jahr 2001 an soll sie bei den US-Streitkräften einsatzbereit sein. Sie ist auf verschiedene Rollen ausgelegt, u. a. als Truppen- und Frachtguttransporter, Kampfflugzeug, für den Kampfrettungseinsatz und für Sondereinsätze. Die Proprotoren haben einen Durchmesser von 11,6 m und werden von zwei 6150 WPS starken Allison-T406-AD-400-Wellenturbinen angetrieben. Die Osprey kann wie ein Hubschrauber starten und landen und als Flugzeug trotzdem 581 km/h erreichen. Dabei hat sie eine Nutzlast von 9072 kg und eine Reichweite von 3218 km.

Wer nach oben will

Es ist allgemein bekannt, dass Hawker Siddeley in Großbritannien den ersten einsatzfähigen Starrflügler-Senkrechtstarter für den Gefechtseinsatz gebaut hat. Die ursprüngliche Harrier wurde 1969 von der Royal Air Force übernommen. In ähnlicher Form, wenn auch stark verbessert, wird das Flugzeug heute noch von British Aerospace und McDonnell Douglas für Land-

LINKS: Bell X-22A im Schwebeflug unter Ausnutzung des Bodeneffekts

OBEN: Bell XV-3 im Horizontalflug mit senkrecht stehenden Propellern

Bell Boeing

01

und See-Einsätze gebaut. In der Sowjetunion entwickelte Yakowlew mit der inzwischen außer Dienst gestellten Yak-36 die erste Generation eines Senkrechtstarters. Ihr folgte die Yak-141. Beide unterscheiden sich von der frühen Harrier durch separate, nach unten gerichtete Hubstrahltriebwerke zur Unterstützung des Vertikalflugs zusätzlich zum horizontal eingebauten Mantelstromtriebwerk, das in allen Flugsituationen eingesetzt wird.
Superschnelle Kampfflugzeuge für den Vertikalflug tauglich zu machen, ist eine Herausforderung, die die Konstrukteure schon seit den 40er Jahren beschäftigt hat. Bachem in Deutschland hatte im Krieg unter der Bezeichnung Natter (siehe Seiten 56/57) einen Abfangjäger mit vertikalem Start gebaut. Dieses Konzept eines Raketenflugzeugs war aber nicht so interessant, dass es die Weiterentwicklung lohnte. Zur gleichen Zeit wurde auch die Focke-Wulf Triebflügel entwickelt, ein Schwanzstarter mit drei Schubflügeln, die um den Rumpf rotierten und von einem Staustrahltriebwerk in jeder Flügelspitze angetrieben wurden. Dieses Projekt blieb zwar im Papierstadium, aber interessant ist, dass eine Höchstgeschwindigkeit von 1000 km/h, kombiniert mit einer außerordentlichen Reichweite, angepeilt wurde. Es war aber abzusehen, dass die Rotoren langfristig keine Lösung des Problems darstellten.
Die Idee eines senkrecht startenden Jägers, der von einer kleinen Plattform aus und nicht nur von riesigen Flugzeugträgern betrieben werden konnte, gefiel der US Navy so, dass sie 1950 einen Wettbewerb für Konstrukteure durchführte. Sowohl Convair als auch Lockheed erhielten daraufhin Verträge zum Bau von Prototypen. Sie wurden unter den Bezeichnungen XFY-1 Pogo und XFV-1 Salmon (oder Vertical Riser)

Bell-Boeing V-22 Osprey. Bei diesem Verwandlungsflugzeug kann die gesamte Antriebseinheit um 97,5° gekippt werden. Es kann bis zu 24 Personen befördern.

NAVY
LOCKHEED
NAVY
LOCKHEED
XFV-1
XFV-1
LOCKHEED

gebaut. Wie bei der Focke-Wulf handelte es sich um Schwanzstarter. Kleine Schwenkräder an den Hinterkanten der kreuzförmigen Tragflächen bzw. Heckflossen sollten ein herkömmliches Fahrwerk ersetzen. Jedes Flugzeug verfügte über eine Allison-YT-40-Propellerturbine, die einen koaxialen gegenläufigen Propeller vom Typ Curtiss-Wright Turboelectric antrieb. Die Propellerturbine selbst steckte auch noch in den Kinderschuhen. Jeder Pilot saß auf einem verstellbaren Kippsitz. Die Bewaffnung, bestehend aus Kanonen oder Raketen, saß in Gondeln an den Flügelspitzen.

Nach einer Reihe von Fesselflügen unter Benutzung eines speziell dafür konstruierten Testgestells begannen die freien Flüge. Als erste in der Luft war die Lockheed Salmon, aber sie machte nur Horizontalflüge mit Hilfe eines behelfsmäßigen Fahrwerks. Es wurde nur ein Prototyp fertiggestellt, bevor die US Navy das Programm stoppte. Die Convair Pogo machte am 2. August 1954 den ersten Vertikalflug und danach um die 70 Senkrechtstarts, bevor am 2. November der Übergang vom Vertikal- zum Horizontalflug erprobt wurde. Die Pogo war für alle Flugarten geeignet und erreichte eine Höchstgeschwindigkeit von 805 km/h. Wegen Stabilitätsproblemen und anderer Schwierigkeiten gab die US Navy aber auch dieses Programm auf.

Unterdessen hatten die US Navy und die US Air Force sich an Ryan gewandt. Dort sollte ein Senkrechtstarter mit Strahlantrieb entstehen. Zwei Exemplare mit Deltaflügeln wurden als X-13 Vertijet bestellt. Sie stellen den Höhepunkt der Arbeit von Ryan dar, die mit dem Modell 38, einer Durchführbarkeitsstudie für die US Navy aus dem Jahr 1947, begonnen hatte. Das Modell 38 wiederum zeigte Einflüsse von früheren Arbeiten Ryans an Düsenjägern aus dem Jahr 1943. In jenem Jahr hatte Ryan einen Auftrag der US Navy erhalten, aus dem Modell 28 mit Kolbenmotor den Prototypen eines Jägers mit Hybridantrieb zu entwickeln, der über ein zusätzliches Turbostrahltriebwerk am Heck verfügen sollte. Serienmodelle wie die FR-1 Fireball waren zwischen März 1945 und 1947 bei der US Navy im Einsatz. Unterdessen hatte Ryan im November 1946 die XF2R-1 in die Luft gebracht, einen Experimental-Jäger mit einem Turboprop-Triebwerk im Bug und einem Turbostrahltriebwerk im Heck. Da sogar das Hybridmodell Fireball, aus dem die XF2R-1 entwickelt wurde, die Möglichkeit besaß, ein Schub-/Gewichtsverhältnis von über 1:1 zu erzielen, wurde Ryan aufgefordert, die Arbei-

LINKE SEITE: Schwanzstarter Lockheed XFV-1 Salmon aus dem US Naval Aviation Museum.
Austin J. Brown

OBEN: Convair XFY-1 Pogo im Vertikalflug

Oben: Ein Ryan X-13 Vertijet wird in die vertikale Stellung gebracht. Sammlung Philip Jarrett

Rechte Seite oben: Forschungsflugzeug SNECMA C.450-01 Coléoptère, ein Senkrechtstarter mit Ringflügel SNECMA

Rechte Seite unten: Short SC.1 im Vertikalflug

ten an diesem Modell weiterzuführen.

Jeder Vertijet verfügte über ein Rolls-Royce-Avon-Turbostrahltriebwerk mit 4535 kp Standschub. Beim Jungfernflug am 10. Dezember 1955 handelte es sich noch um einen konventionellen Horizontalflug mit einem behelfsmäßigen Fahrwerk. Der erste kurze vertikale Schwebeflug wurde am 28. Mai 1956 registriert. Am 28. November erfolgte dann in 1830 m Höhe der Übergang vom Vertikalflug zum Horizontalflug und zurück. Noch beeindruckender war der Einsatz vom 11. April 1957: Eine X-13 machte einen Senkrechtstart, den Übergang zum Horizontalflug und führte mehrere Flugmanöver durch, bevor sie zur Edwards Base zurückkehrte und dort wieder senkrecht landete.

Ein Zeitgenosse der X-13 war die Short SC.1, der erste Starrflügel-Senkrechtstarter aus Großbritannien. Aerodynamisch längst nicht so hoch entwickelt wie der Vertijet, wurde sie im Auftrag der britischen Regierung rein für Forschungszwecke entwickelt. Sie hatte zwar Deltaflügel, aber keinerlei Ambitionen, ein Kampfflugzeug zu werden. Die Konstruktionsarbeiten begannen 1954 und das erste von zwei Flugzeugen absolvierte seinen Jungfernflug am 2. April 1957 von Boscombe Down aus, allerdings als konventionelles Flugzeug im Horizontalflug. Die zweite SC.1 machte vom 23. Mai 1958 an eine Reihe von gefesselten Erprobungsflügen. Die ersten freien Senkrechtstarts fanden am 25. Oktober statt und der Übergang vom Vertikalflug zum Horizontalflug erfolgte am 6. April 1960. Die erste SC.1 sorgte noch für weitere Schlagzeilen, als sie etwa 13 Monate später als erstes Flugzeug mit Hubstrahl-

triebwerken den Ärmelkanal überquerte.
Anders als die X-13 war die SC.1 von vornherein darauf ausgelegt, horizontal auf einem normalen Fahrwerk zu landen. Den Antrieb besorgten fünf Rolls-Royce-RB.108-Turbostrahltriebwerke mit je 966 kp Standschub. Vier davon saßen senkrecht in der Rumpfmitte und sorgten in erster Linie für den Auftrieb. Sie konnten aber leicht nach vorn oder hinten geschwenkt werden, um zum Schub nach vorn oder zum Bremsen beizutragen. Das fünfte Triebwerk war waagerecht montiert und sorgte für den Vortrieb im Horizontalflug. Die an Bug, Heck und Flügelspitzen sitzenden Kontrolldüsen dienten der Stabilität und zapften Druckluft von den Kompressoren der Triebwerke ab. Es sollte sich schließlich herausstellen, dass diese Triebwerkanordnung nie bei einem britischen Serienflugzeug verwirklicht werden sollte, denn die Harrier hatte nur ein Triebwerk mit Schubumlenkung.
Die vielleicht merkwürdigsten aller experimentellen Senkrechtstarter waren die französische SNECMA C.450-01 Coléoptère und die Bell Rocket and Jet Belts (Raketen- und Düsengürtel). Bei der Coléoptère handelte es sich um einen Heckstarter für Forschungszwecke. Das SNECMA-Atar-101EV-Turbostrahltriebwerk mit 3700 kp Standschub war hinten im Rumpf installiert, umgeben von einem Ringflügel mit vier Steuerungsflossen und -rudern. Die Coléoptère basierte auf den zunächst unbemannten und später auch bemannten Atar-Volant-Erprobungsträgern, mit denen die ersten Senkrechtstarts durchgeführt wurden. Im Gegensatz zu ihnen schaffte die Coléoptère auch den Übergang vom Vertikal- zum Horizontalflug. Der erste freie Vertikalflug fand am 6. Mai 1959 statt, aber bereits am 25. Juni stürzte das Flugzeug bei einem Übergangsflug ab. Glücklicherweise konnte der Pilot mit dem Schleudersitz entkommen. Das Flugzeug hatte immerhin die Tauglichkeit des Konzepts bewiesen.
Die höchst erfolgreichen und einzig-

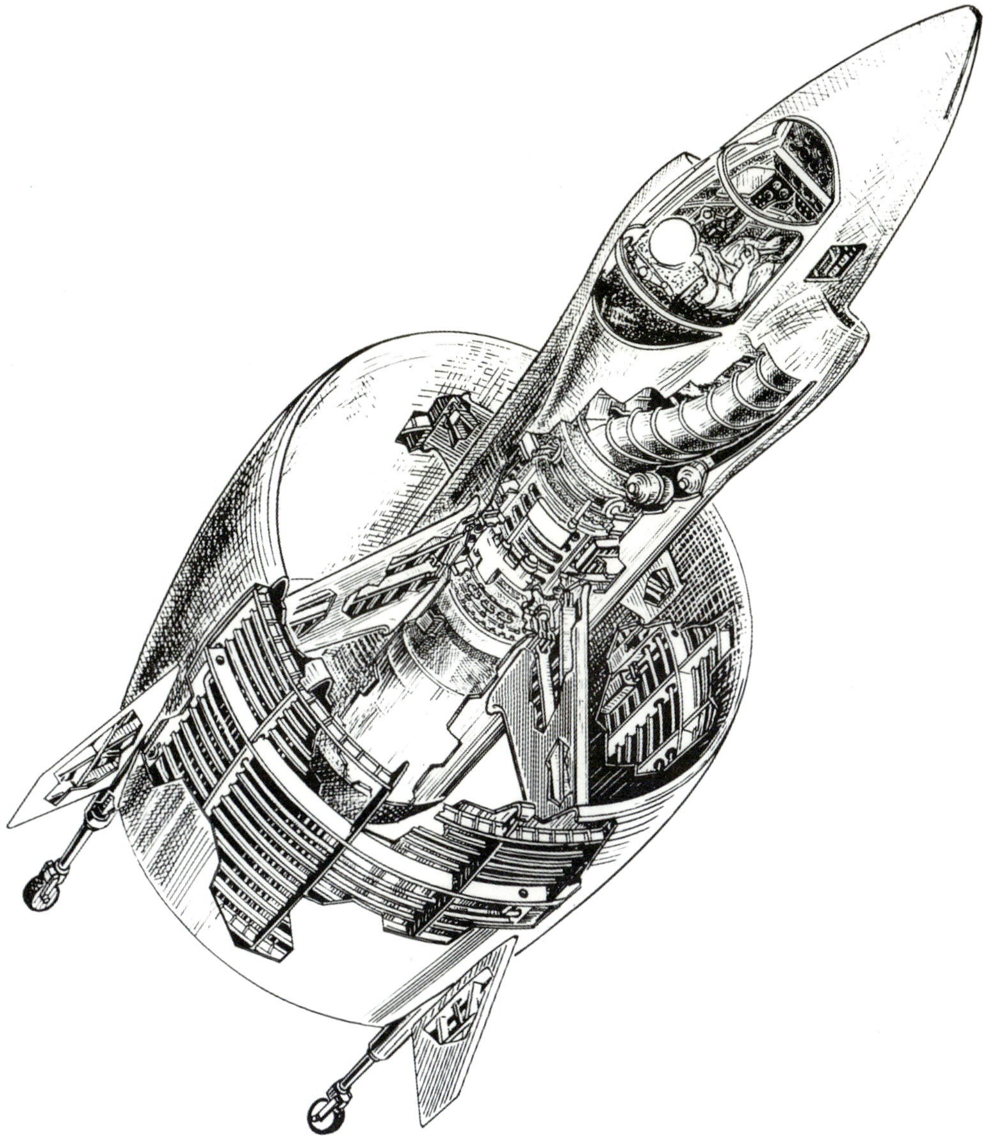

andere technische Parameter zu gewinnen. Es wurde schnell klar, dass die Düsen zu dicht beim Piloten saßen, denn ein Testpilot verbrannte sich die Ärmel.

Oben: Jet Belt von Bell Aerosystems

Oben rechts: Zeichnung einer Hiller VZ-1 Do-Nut. Diese fliegende Einmann-Plattform für die Infanterie hatte einen Mantelstrompropeller und konnte senkrecht starten. Zwei Stück wurden für Erprobungen der US Army gebaut.

Rechte Seite: Wassergestützter Düsenjäger Saunders-Roe SR.1A/1 TG263, der erste und einzige Prototyp, der das Testprogramm überstanden hat.

artigen Rocket and Jet Belts von Bell beruhen auf einer Idee, die der Bell-Ingenieur Wendell Moore angeblich 1953 in den Wüstensand nahe der Edwards Air Base gezeichnet hat. Das erste SRLD (Kleinraketenfluggerät) oder Raketengürtel bestand aus einem schlichten Rucksacksystem, das einem Mann einen steuerbaren Flug über kurze Distanzen ermöglichte. Bei den ersten Versuchen kam ein experimenteller Antrieb mit Stickstoffgas und zwei nach unten gerichteten Düsen zum Einsatz. Er wurde zunächst an einem Versuchsträger erprobt, um Aufschlüsse über die Stabilität und

Natürlich zeigte die US Army Interesse und 1960 schloss Bell einen Vertrag über die Weiterentwicklung des SRLD. Für diesen Zweck entwickelte Aerojet-General einen 127 kg schweren Raketenmotor mit variablem Schub. Den Schub steuerte der Pilot mit der rechten Hand über einen Gasgriff, während er mit links die Strahlruder für die Giersteuerung bediente. Nach einer großen Zahl von Fesselflügen machte Harold Graham am 20. April 1961 den ersten freien Flug mit dem SLRD. Er flog 13 Sekunden lang in geringer Höhe vorwärts. Nun wurde der Einsatzbereich erweitert und das SLRD machte Flüge bis zu 262 m Entfernung und 18 m Höhe. Die Geschwindigkeit lag bei etwa 96 km/h. Damit war das SLRD ein ideales Infanteriegerät zum Überwinden von Minenfeldern, Flüssen, Verteidigungsstellungen und anderen Hindernissen wie auch für amphibische Landungen. Mit dem SLRD wurden Hunderte von Flügen durchgeführt. Der spektakulärste fand im Oktober 1961 statt, als ein Pilot von einem Amphibienfahrzeug startete, über das Wasser flog und unmittelbar vor Präsident Kennedy landete.

Ein Nachteil des Raketengürtels war die begrenzte Reichweite des Raketenmotors. Das System hatte jedoch soviel Potential, dass die US Army Bell den Auftrag erteilte, einen Raketengürtel mit dem WR-19-Turbostrahltriebwerk der Williams Research Corporation anstelle des Raketenmotors zu konstruieren. So sollte eine Flugdauer von 26 Minuten erreicht werden. Dem Jungfernflug am 7. April 1969 folgten viele weitere Flüge, aber beide Systeme gingen nicht in die Serienproduktion. Bell und Williams entwickelten daraufhin fliegende Plattformen für zwei Personen, die so stabil waren, dass die Besatzungsmitglieder sich einfach nur in die gewünschte Flugrichtung lehnen mussten. So brauchten sie nur noch den Schub zu steuern. Unter anderem sollte dieses Gerät als Transportmittel auf dem Mond zum Einsatz kommen.

Startbahn nicht nötig

Die ersten Jahre des Zweiten Weltkriegs hatten deutlich gezeigt, wie verwundbar Flugplätze durch gegnerische Angriffe sind. Um dieser Verwundbarkeit aus dem Weg zu gehen, gab es zwei offensichtliche Lösungen: Senkrechtstarter oder Wasserflugzeuge. In Großbritannien genoss die Entwicklung eines Senkrechtstarters keine besondere Priorität, aber dafür schlug Saunders-Roe 1943 einen einsitzigen wassergestützten Düsenjäger vor, der auch ohne landgestützte Flugplätze weiter operieren konnte und zudem bei Einsätzen außerhalb des Heimatlands keine ausgebauten Flugplätze benötigte. Im Jahr 1944 erhielt die Firma die offiziellen Forderungen und einen Entwicklungsauftrag.

Das Hauptmerkmal der SR.A/1 war der einteilige Rumpf mit zwei seitlich angeordneten Turbostrahltriebwerken vom Typ Metropolitan-Vickers Beryl MVBI mit je 1474–1746 kp Standschub. Der Lufteinlass lag im Bug. Das erste von drei Flugzeugen absolvierte seinen Jungfernflug am 6. Juli 1947 und die SR.A/1 wurde damit das erste über 800 km/h schnelle Flugboot. Nicht zuletzt die Notwendigkeit, für das Serienmodell geeignete Triebwerke zu finden, verzögerte die Weiterentwicklung. So entschied man trotz eines Vorbeiflugs im Rückenflug bei der Farnborough Air Show 1948, dass der große Rumpf im Vergleich zu den modernen landgestützten Jägern Geschwindigkeit und Wendigkeit beeinträchtigt und stellte das Programm ein.

In den Vereinigten Staaten baute und erprobte Convair den wassergestützten Düsenjäger Sea Dart. Er startete erstmals am 9. April 1953 in der San Diego Bay und stellte gleichzeitig die Pionierleistung der Firma auf dem Gebiet des Deltaflügels vor. Der ursprüngliche Prototyp XF2Y-1 hatte zwei Turbostrahltriebwerke Westinghouse J34-WE-42 mit Nachbrennern mit zusammen 3855 kp Standschub. Das zweite Flugzeug YF2Y-1 hatte statt dessen zwei J46 mit jeweils 2722 kp Standschub. Die Lufteinlässe lagen oberhalb und hinter der Vorderkante der Flügel, um das Eindringen von Sprühwasser zu vermeiden. Die YF2Y-1 machte am 3. August 1954 Geschichte als erstes

Links: Convair Sea Dart. Die beiden Wasserskis sind ausgefahren.

Unten: Das vierte sowjetische Ekranoplan KM Kaspisches Monster. Über die russische Stiftung Luftfahrtforschung

Rechte Seite oben: Auch in der Bundesrepublik Deutschland wurde mit dem Bodeneffekt experimentiert. Als Versuchsträger diente die kleine RFB X-114.

Rechte Seite unten: Der außergewöhnliche Doppeldecker Pitts S-2B, der vom Kunstflugpiloten Craig Hoskins mit einem zweiten Fahrwerk auf der oberen Tragfläche ausgerüstet wurde. So konnte er auf dem Kopf landen oder starten.
Chris Gingell

Wasserflugzeug, das eine Geschwindigkeit von Mach 1 erreichte.
Sie vollbrachte diese Leistung während eines langsamen Sinkflugs aus 10 360 m Höhe. Bald darauf verunglückte das Flugzeug.
Die Sowjetunion führte ihre eigenen Erprobungen mit strahlgetriebenen Flugbooten durch. Soweit bekannt, sollten sie allerdings wesentlich anderen Zwecken dienen. Die meisten sollten Bomber, U-Jagdflugzeuge oder Hochgeschwindigkeitstransporter mit hoher Reichweite werden.
Das bei weitem größte und schwerste aller „seetüchtigen" Flugzeuge war die sowjetische KM *(Kaspisches Monster)*, korrekt als „Motorisierter Staufügel in einem Bodeneffektfluggerät" (PAR-WIG) bezeichnet. Die Sowjets nannten es *Ekranoplan* (Staufügelgerät). Dieses Flugzeug nutzte das Phänomen eines Bodeneffekts, um hohe Geschwindigkeiten und Reichweiten zu erzielen. Wenn ein Flugzeug so niedrig fliegt, dass die Flughöhe in etwa die Hälfte der Spannweite beträgt, fängt sich ein dynamisches Luftkissen zwischen den Tragflächen und der Erdoberfläche, hält den Abwind auf und reduziert so drastisch den erzeugten Luftwiderstand. Das *Kaspische Monster* als größtes und außergewöhnlichstes aller PAR-WIG-Flugzeuge wurde von 1965 an in acht Exemplaren gebaut. Angetrieben wurde es von zehn Rybinsk-VD-7-Turbostrahltriebwerken mit je 13 000 kp Standschub. Die Flugzeuge fielen unterschiedlich aus; das größte hatte eine Spannweite von 40 m und eine Länge von 106 m. Dabei waren sie bis zu 540 000 kg schwer. Die Reisegeschwindigkeit soll bei 500 km/h liegen, die Reichweite bei 3000 km. Mindestens ein Exemplar wurde mit Boden-Boden-Flugkörpern gesehen. Natürlich eignet es sich auch für schnelle Verstärkungseinsätze.
Diese PAR-WIG-Flugzeuge schienen die größte Errungenschaft der Luftfahrt nach dem Strahlantrieb zu werden, besonders für den schnellen Langstreckentransport, und trotzdem hat sich das Konzept wohl nicht durchsetzen können.
Bevor wir uns von den wassergestützten Bodeneffektfluggeräten abwenden, sollte noch darauf hingewiesen werden, dass Bell Aerospace 1963 die Entwicklung eines Luftkissenlandesystems für Transportflugzeuge aufnahm (das eventuell auch

bei Raumfähren eingesetzt werden sollte). Es sollte die Landung auf Wasser, Sumpf, Schnee und anderen Oberflächen ermöglichen. Die Erprobungen begannen mit einem modifizierten Amphibienflugzeug vom Typ Lake LA-4 und wurden mit einem großen Transportflugzeug, der de Havilland Canada DHC-5 Buffalo, fortgesetzt. Sie wurde vom kanadischen Verteidigungsministerium ausgeliehen und in XC-8A umbenannt. Der erste Start der XC-8A mit dem Luftkissenlandesystem erfolgte am 31. März 1975.

Ein fliegender Fisch

Zu den konventionellsten Flugzeugen zählten stets die Passagier- und Transportmaschinen. Einige Ausnahmen von dieser Regel wurden hier ja bereits besprochen. Die Arbeitspferde des Zweiten Weltkriegs, wie die Militärversionen der DC-3 und der DC-4, bildeten den Ausgangspunkt für viele Verkehrsflugzeuge nach dem Krieg. Diese Auslegung ist im Prinzip heute noch für die großen Düsenflugzeuge gültig. Bei militärischen Transportmaschinen galten andere Prioritäten.

Die Forderung, schwere Fahrzeuge direkt in den Laderaum zu fahren, große Frachtstücke schnell ein- und auszuladen oder sogar aus der Luft abzuwerfen, führte nach dem Krieg zur Verbreitung von Konstruktionen mit doppelten Leitwerksträgern, die den leichten Zugang von hinten ermöglichten. Später allerdings erfolgte die Rückkehr zu „konventionelleren" Modellen mit hochgezogenem hinteren Leitwerk, das den Zugang genauso gut ermöglichte. Fairchild in den Vereinigten Staaten machte diese Entwicklung ebenfalls mit und setzte mit dem XC-120 Pack Plane sogar noch einen besonderen Akzent. Basierend auf dem militärischen Transportflugzeug C-119 Packet mit doppelten Leitwerksträgern, wurde das Pack Plane im Auftrag der US Air Force entwickelt und absolvierte seinen Jungfernflug am 11. August 1950. Bei diesem Flugzeug ließ sich das Unterteil des Rumpfes mit seinen Ladetüren vorn und hinten völlig ausklinken. So ließ sich die Ladung wie in einem Container absetzen, während das Flugzeug die nächste Ladung aufnahm. Obwohl die Erprobung erfolgreich verlief, blieb es bei einem Prototypen.

Der nach dem Krieg aufkommende Bedarf, extrem große Güter zu transportieren, führte zur Entwicklung einiger außergewöhnlicher Flugzeuge, die in der Regel auf vorhandenen Typen basierten. Der Rumpf wurde einfach entsprechend vergrößert. Zu den ältesten und größten Modellen dieser Art zählen die von Aero Spacelines entwickelten Guppies. Dabei wurden alte Boeing Stratocruiser oder ähnliche Transportflugzeuge vom Typ C-97 umgebaut, um den Transport von Raketenzusatzantrieben oder anderer riesiger Frachtgüter zu ermöglichen. Zunächst erschien die B-377PG Pregnant Guppy (schwangere Guppy), die 1962 erstmals flog. Jede Guppy hatte einen neuen, riesigen Rumpf, der über den vorhanden Rumpf gezogen wurde, wobei der gesamte Bug nach einer Seite aufklappbar war, um direktes Beladen zu ermöglichen.

Bei der Pregnant Guppy war der Frachtraum über 6 m hoch; beim Stratocruiser waren es nur 2,74 m gewesen. Die meistgebaute Version war die Super Guppy mit einem Frachtraum von 7,77 m Höhe und 7,65 m Breite. Selbst im Jahr 1996 flogen die Super Guppies noch Teile für den Bau des Airbus. Dabei wurden riesige Abschnitte der Flugzeugzelle zwischen den Produktions- und Montagewerken in den einzelnen europäischen Staaten transportiert. Diese Art des Transports wird nicht mehr lange fortgesetzt, denn am 13. September 1994 machte das Transportflugzeug SATIC A300-600 ST, auch Beluga genannt, seinen Jungfernflug. Als Basis dient nun der Airbus A300-600. Die Beluga bietet einen Frachtraum mit einer nutzbaren Länge von knapp 37,8 m und einer Breite von mehr als 7,3 m. Die Nutzlast liegt bei 45 500 kg. Airbus hat vier Stück bestellt und es ist auch eine Produktion für andere Betreiber vorstellbar.

Vom Raubtier zum Bumerang

Den passenden Abschluss dieses Buches über außergewöhnliche Flugzeuge bildet die Arbeit eines der bekanntesten und angesehensten Konstrukteure, Elbert „Burt" Rutan. Unter den Enthusiasten, die sich selbst ihre Flugzeuge bauen, gelten die zweisitzigen Eigenbauten VariViggen und VariEze mit den weit hinten liegenden Tragflächen als legendär. Rutan baute auch den Trimaran-Eindecker *Voyager,* in dem sein Bruder Richard und Jeana Yeager am 14.–23. Dezember 1986 den ersten Nonstop-Flug um die Welt ohne Nachtanken absolvierten. Dabei erzielten sie den Weltrekord von 40 212 km.

Im Auftrag der NASA entwickelte Burt Rutan federführend die AD-1 mit schwenkbaren Flügeln, um die Möglichkeiten von Schrägflügeln zu erforschen. Mit seiner Firma Scaled Composites baute er einige ungewöhnliche Entwürfe mit dem Potential zur Serienfertigung. Dazu zählt das aus Verbundwerkstoffen bestehende, schnell einsetzbare Kampfflugzeug Rutan 151 ARES mit hinten angesetzten Tragflächen und nach vorn gepfeilten Entenflügeln. Das Mantelstromtriebwerk Pratt & Whitney JT15D-1 hatte 1338 kp Standschub. Gedacht war die 151 ARES als preisgünstiges Angriffsflugzeug. Die Predator (Raubtier) 480 wurde für landwirtschaftliche Zwecke gebaut und flog erstmals 1984.

Im Jahr 1987 folgte die ATTT als maßstäbliches Modell eines takti-

Oben: Fairchild XC-120 Pack Plane

Links: Eine Super Guppy nimmt eine Baugruppe eines Verkehrsflugzeugs an Bord.

Rechte Seite oben: Das erste der vier Transportflugzeuge SATIC A300-600 ST für Airbus Industries, auch als Beluga bekannt

Rechte Seite Mitte: ARES-Kampfflugzeug von Scaled Composites

Rechte Seite unten: Predator 480 von Scaled Composites, das Erprobungsmodell eines landwirtschaftlichen Flugzeugs

schen Transportflugzeugs. Beide Flugzeuge wurden zur Konzepterprobung gebaut. 1996 setzte Scaled Composites die Arbeit an ungewöhnlichen Flugzeugen fort und baute die asymmetrische 201-11 Boomerang, einen leichten Fünfsitzer, der auf den ersten Blick eine gewisse Ähnlichkeit mit der Bv 141 aus dem Krieg aufweist.
Natürlich konstruiert nicht nur Rutan ungewöhnliche Privatflugzeuge. Unter den vielen Modellen, die bei anderen Konstrukteuren entstanden sind, befindet sich auch die schweizerische Farner HF Colibri 1 SL, ein motorisiertes Segelflugzeug.
Ob groß oder klein – mit Tragflächen, Triebwerken und Fahrwerken in fast jeder denkbaren Konfiguration – die außergewöhnlichen Flugzeuge haben eine wichtige Rolle gespielt, weil sie Können und Wissen immer weiter vorangebracht haben. Einige waren erfolgreich, andere weniger, aber alle haben zum bunten Bild der Luftfahrt beigetragen und dafür gesorgt, dass die Fliegerei für ihre Liebhaber niemals langweilig geworden ist.

Register